世界奥秘解码

多彩动物的心灵感应
动物乐园看台

韩德复 编著

中国出版集团
现代出版社

U0747093

前言
reface

大千世界，无奇不有，怪事迭起，奥妙无穷，神秘莫测，许许多多难解的奥秘简直不可思议，使我们对这个世界捉摸不透。走进奥秘世界，就如走进迷宫！

奥秘就是尚未被我们发现和认识的秘密。它总是如影随形地陪伴着我们，它总是深奥神秘地吸引着我们。只要你去发现它、认识它，你就会进入一个新的时空，使你生活在无限神奇的自由天地里。

在一切认知与选择的行动中，我们总是不断地接触到更大的境界，但是这境界却常常保持着神秘的特点。这奥秘之魅力就像太阳一般，在它的光照下我们才能看见一切事物，但我们的注意力却不在于阳光。

奥秘世界迷雾重重，我们认识这个熟悉而又陌生的世界，发现其背后隐藏着假象与真知，箴言和欺骗，探寻奥秘世界的真相，我们就会在思考与探索中走向未来。

其实，世界的丰富多彩与无限魅力就在于那许许多多的难解的奥秘，使我们不得不密切关注和发出疑问。我们总是不断地去认识它、探索它。今天的科学技术日新月异，已经达到了很高的程度，尽管如此，对于那些无数的奥秘谜团还是难以圆满解答。

古今中外许许多多的科学先驱不断奋斗，一个个奥秘不断解开，并推进了科学技术的发展，随即又发现了许多新的奥秘现象，又不得不向新的问题发起挑战。这正如达尔文所说："我们认识世界的固有规律越多，这种奇妙对于我们就更加不可思议。"科学技术不断发展，人类探索永无止境，解决旧问题，探索新领域，这就是人类一步一步发展的足迹。

为了激励广大读者认识大千世界的奥秘，普及科学知识，我们根据中外的最新研究成果，特别编辑了本套作品，撷取自然、动物、植物、野人、怪兽、万物、考古、古墓、人类、恐龙等诸多未解之谜和科学探索成果，具有很强的系统性、科学性、前沿性和新奇性。

本套作品知识面广、内容精炼、图文并茂，形象生动，非常适合广大读者阅读和收藏，其目的是使广大读者在兴味盎然地领略世界奥秘现象的同时，能够加深思考，启迪智慧，开阔视野，增加知识，能够正确了解和认识世界的奥秘，激发求知的欲望和探索的精神，激起热爱科学和追求科学的热情。

C 目录
Contents

趣味生活

　　动物和人类一样，生活也很精彩，很有趣。它们有的懂得为死去的同伴开追悼会，有的会像医生一样给其他动物治病，有的很勤快，有的很懒惰……林林种种的动物组成了生动活泼、多姿多彩的动物世界。

动物的追悼会

奇妙的现象

不少动物学家发现，很多动物对死亡的同类有悼念之情，并且有各种形式的葬礼，有些葬礼居然还很隆重。现在，动物学家们还不能解释这些动物情感的现象。许多专家试图从社会学角度来探讨这一奥妙。

文鸟的葬礼

亚马逊河流域的森林中，生活着一种体态娇小的文鸟，它们的葬礼也许是动物世界中最为文明的。它们叼来绿叶、浆果和五颜六色的花瓣，撒在同类的尸体上，以示悼念。

野山羊的葬礼

澳洲草原上的野山羊见到同类的尸体后伤心不已，它们愤怒地用头角猛撞树干，使之发出阵阵轰鸣声。这同人类的鸣枪致哀有着相似之处。

鹤的葬礼

鹤是极富感情的禽类。生活在北美沼泽地的灰鹤，每发现死亡的同类，便会久

2

久地在尸体上空来回盘旋。然后，由首领带着飞落地面，默默地绕着尸体转，悲伤地瞻仰死者的遗容。西伯利亚的灰鹤却保持着的葬礼形式。它们停立在尸体跟前，发出凄惨的叫声。突然，首领鹤长鸣一声，顿时众鹤沉默不语，眼中似乎泪光闪闪，一个个低垂着脑袋，好像在参加庄严的追悼会一样。

大象的葬礼

大象表现最为突出。老象一死，为首的雄象用象牙掘松地面的泥土，用鼻子卷起土块，朝死象投去。接着众象也纷纷照办，很快将死象掩埋。

然后，为首的雄象带着众象踩土，一会儿就筑成一座象墓。此时雄象一声大叫，众象便绕着象墓慢慢行走，以示哀悼。

亚洲有一种獾类选择的是"水葬"。当獾发现了同类的尸体后，它就会招来同伴将尸体拖入河水中，随后，獾群便站在河边哀鸣不止。

吃岩石的非洲象

以岩石为食物的象

非洲成年象一般体重4吨以上，大的将近10吨。研究表明，非洲象有两种：非洲草原象和非洲森林象。常见的非洲草原象是世界上最大的陆生哺乳动物，耳朵大下部尖，不论雌雄都有长而弯的象牙，性情及其暴躁，会主动攻击其他动物。

和亚洲象一样，非洲象也用它们的鼻子来闻、吃、交流、控制物体、洗澡和喝水。非洲象鼻子的前端有两个像手指一样的突

出物来帮助它们控制物体。

东非国家肯尼亚的艾尔刚山区，是非洲象经常出入的地方，那里有很多奇怪的岩洞，其中最有名的就是基塔姆山洞。

令当地人惊讶的是在每年干旱的季节里，常常看到非洲象成群结队地走进山洞。大象缓慢地穿过狭窄的通道，来到阴暗潮湿的大洞，用长长的象牙，在洞壁上挖凿一块又一块岩石，接着又用自己的大鼻子卷起岩石，一块一块地吞到肚子里。

吞完岩石以后，它们在山洞里稍微休息了一会儿，领队的非洲象就发出集合的信号，象群又排着队走出山洞。

非洲象吞岩石之因

非洲象吞吃岩石的怪事儿传开以后，动物学家们感到十分惊奇：非洲象是吃植物的，怎么会吞吃起岩石？让人迷惑不解。

后来，动物学家们专程来到肯尼亚的艾尔刚山区，进行了考察和研究，才真相大白。

原来在非洲象吃的植物里，硝酸钠盐的含量太少，而在这些山洞的岩石中，这种矿物质的含量却很高，差不多是这个地区植物含盐量的100多倍。非洲象吞吃岩石，就是为了补充食物中缺乏的这种盐分。

在干旱季节里，身躯庞大的非洲象会大量出汗和分泌唾液，

身体里的盐分消耗特别大，因此需要补充的盐分也就更多了。这个解释比较科学，大多数动物学家都接受和承认了这个说法。

神奇山洞形成之说

非洲象经常出入的神奇山洞是怎样形成的？对于这个有趣的问题，不同学科的专家们提出了不同的见解。

有的地质学家认为，这些山洞是早期火山爆发的时候，由喷射的气泡形成的。可是深入考察，从山洞的巨大空间和不规则的形状来看，这是不可能的事，所以，他们又推翻了自己原来的判断。

一些考古学家开始提出，这些山洞可能是当地原住民挖掘的，可是一查有关的文献资料，这些原住民的祖先当时还很落后，根本就没有挖掘这么大山洞的工具。因此，这个说法也是站不住脚的。

动物学家的新解释

非洲象在艾尔刚山区已经生活了大约200多万年了，如果它们每星期挖掘一次岩石，像基塔姆那样的大山洞，只要10万年就

可以挖成了。

所以，这些山洞很可能是非洲象挖的，为了补充食物中缺乏的盐分，它们世世代代地挖呀、吞呀，最后挖成了这些神奇的山洞。

但这只是一种推理性的解释，还没有人真正解开这个千古之谜。地质学家、考古学家还将进一步研究、探讨。

神奇的交流方式

英国一所大学研究人员在位于肯尼亚的国家公园录制了一些非洲大象母亲用来进行联系的低频的呼声，这些声音是大象用来确认个体，也是用它组成的一个复杂的社会的一部分。在记录下哪些大象经常碰面，哪些互不交往后，研究人员把这些叫声放给27个大象群体听并观察它们的反应。

趣味生活 uweishenghu

如果它们认识这发出叫声的大象，它们就会回应，如果不认识的话，它们要不干脆忽略，只是听而没有任何反应。

研究表明，它们能够分辨来自其他14个大象群体所发出的声音，研究人员认为，每头非洲大象能辨认其他100多头大象发出的叫声。

1985年，美国纽约州康乃尔大学的研究人员佩思，观察一群大象时，忽然觉得空气中有一种间歇性的震动。佩思又发现，这种震动正好与一头大象前额上眉的颤动相吻合。

后来，佩思和同事一起，用先进的超声波记录仪器证实了她的猜想：她先前感觉到的震动，是低频声波引起的，这种声波人类听不到，用磁带可以记录下来。研究人员还发现雌象隔着混凝土墙壁与雄象交流呢！

在线小知识

非洲象有非洲草原象和非洲森林象两种。常见的非洲草原象是世界上最大的陆生哺乳动物，耳朵大且下部尖，性情极其暴躁。

当间谍的海豚

船员神秘失踪

两艘黑漆漆的潜水艇，静悄悄地卧在大海深处。突然它们的潜水舱被启开了，五六个人影钻了出来。他们全是"黑鲨"特别分队的成员，并且专门负责袭击B国在太平洋的最大军港——金兰湾的特别分队。他们已成功地进行了多次袭击，搅得B国驻金兰湾的司令兰姆上校日夜不得安宁而又束手无策。

这次和历次行动一样，他们的目标依然是金兰湾。就在他们将要接近目标时，突然，一个庞大的黑影出现在他们面前，没等

他们看清对方的模样，就一个个地失去了知觉，无声地沉入了大海。潜艇一直等到天快亮时，才不得不离开这片海域。这是从来没有过的，五六个黑鲨队员竟一个未回，全都神秘地失踪了，一定是遭到了什么意外。

官员疑惑不解

第二天，两架超高空侦察机，便出现在金兰湾的上空和附近海域。它们拍下的照片被迅速送到了基地指挥官的手中。

让他们难以置信的是，竟然看到了黑鲨分队成员的踪迹——那是两具漂浮在海上的尸体。究竟发生了什么事呢？基地指挥官百思不得其解。他们只得命令下属的舰队加强警戒，密切注意金兰湾的所有行动，搜集一切有价值的情报。

但奇怪的是他们不但没有获得任何情报，还暴露了自己的行踪。那些外出活动的军舰、潜艇经常受到B国军舰和雷达的监视，就连最为机密的核动力潜艇的燃料数据竟然也泄露了。

基地指挥官不得不开始怀疑内部出现了B国的间谍，命令保卫部门严格审查，一定要设法挖出这个可恶的探子。

间谍竟是海豚

此时，B国金兰湾军港司令兰姆上校正喝着杜松子酒，和部下谈笑，还有他的得力助手露茜。正是依靠她的卓越才能，才使兰姆上校成功地实施了"幽灵行动计划"，给了黑鲨特别分队一个措手不及的打击，消除了金兰湾军港的一大隐患。

露茜小姐作为一名优秀驯兽员，她教会了海豚许多拿手的表演项目，而作为军事行动则是头一回。他们边训练边摸索，利用海豚灵敏的自然声呐和快速游泳术进行水下巡逻和格斗，还训练它们布雷、扫雷、跟踪潜水艇等各种本领。经过几个月的努力，他们终于获得成功。于是兰姆上校开始实施他的"幽灵计划"。

计划实施过程

海豚们穿着特制的装甲，鳍肢和口鼻上装着锋利的尖刀。这样，即使潜水员掏出必备的防鲨枪和刀也无能为力了。

海豚闪电一般地冲向那些黑鲨队员，用锋利的尖刀割断了他们的供气软管和面罩，有的则直接刺向他们身体的要害。

不一会儿工夫，那些黑鲨队员们便无一逃脱厄运。

第二天，幽灵继续行动，跟踪那些出来寻找黑鲨队员的军舰。一头海豚甚至将一个微型探测仪，吸附到了核潜艇的底部。结果当驯兽员把它取回之后，兰姆上校便得到了核潜艇的动力数据这个极有价值的情报。

兰姆上校指挥自己的海空力量，对黑鲨进行严密监视，从而确保了金兰湾军港的安全。而此时，对方还正在大规模地清查间谍，他们哪里知道，间谍正活跃在海底。

1973年，苏联的新式核潜艇刚下水，美国便派训练有素的海豚获取核燃料的数据。海豚头顶微型探测仪，很快便完成了任务。

在线小知识

海豚救人之谜

海豚救人的故事

海豚在人们心目中一直是一种神秘的动物。人们对海豚最感兴趣的是它那见义勇为、奋不顾身救人的行为。在世界上，流传着许许多多海豚救人的故事。

早在公元前5世纪，古希腊历史学家希罗多德就曾记载过一件海豚救人的奇事。

有一次，音乐家阿里昂带着大量钱财乘船返回希腊的科林斯，在航海途中水手们意欲谋财害命。阿里昂见势不妙，就祈求水手们允诺他演奏生平最后一曲，奏完就纵身投入了大海的怀抱。正当他生命危急之际，一只海豚游了过来，驮着这位音乐家，一直把他送到伯罗奔尼撒半岛。这个故事虽然流传已久，但是许多人仍感到难以置信。

1949年，美国佛罗里达州一位律师妻子在《自然史》杂志上披露了自己在海上被救的奇特经历：她在一个海滨浴场游泳时，突然陷入了一个水下暗流中，一排排汹涌的海浪向她袭来。就在她即将被淹没的一刹那，一只海豚飞快地游来，用它那尖尖的喙部猛地推了她一下，接着又是几下，直至她被推到浅水中为止。这位女子清醒过来后举目四望，想看看是谁救了自己。然而海滩上空无一人，只有一只海豚在离岸不远的水中嬉戏。

1959年夏天，"里奥·阿泰罗号"客轮在加勒比海因爆炸失

事，许多乘客都在汹涌的海水中挣扎。不料祸不单行，大群鲨鱼云集周围，眼看众人就要葬身鱼腹了。在这千钧一发之际，成群的海豚犹如天兵神将突然出现，向贪婪的鲨鱼猛扑过去，赶走了那些海中恶魔，使遇难的乘客转危为安。

1964年，日本的一艘渔船触礁沉没，幸存的4名船员拼命往岸边游去。可是海岸太遥远了，他们已经精疲力竭，仍不见海岸的影子，死神的手已向他们伸来。正在这生死攸关之际，两只海豚如同从天而降，来到他们身边，每一只海豚驮着两个人，向岸边游去。

1981年，一艘航行在爪哇海域的轮船突然起火，船上有一对

夫妇，他们不忍心看着自己的3个孩子被大火活活烧死，在万般无奈的情况下，把他们都抛入大海。这时，有一群海豚游过来，海豚把3个孩子驮在背上，送到岸边。

海豚救人原因说

海豚救人，早已经不是什么新鲜事儿了，它也因此得到了一个"海上救生员"的美名。许多国家都颁布了保护海豚的法规，这些法规受到了人们的普遍欢迎。但是，人们感兴趣的不是它救人本身，而是它为什么会救人。

目前科学家们对海豚救人主要有三种解释。

"照料天性"说。海豚救人来源于它对子女的"照料天性"，是一种本能。海豚喜欢推动海面上的漂浮物体，它常常把自己刚出生不久的幼仔托出水面，或者抬起生病或负伤的同伴。海豚这种"照料天性"不仅表现在对同类中，而且对其他动物也是如此，甚至对各种无生命的物体，如大海中漂浮的乌龟尸体、木头等也是一样。因而，一旦遇上了溺水的人，海豚就可能本能地将其当做一个漂浮的物体推到岸边去，从而使人得救。

"见义勇为"说。海豚是一种高智商动物，它救人"壮举"是一种自觉行为。因为在大多数情况下，海豚都是将人推向岸边，而没有推向大海。研究海洋哺乳动物14年的英格里德·维塞尔表示，当海豚可能感觉到人类处于危险之中时，就会马上行动起来保护他们。海豚有时甚至为了保护自己和幼仔不惜与鲨鱼搏斗。

"玩性大发"说。海豚天生好动，善于模仿，最喜爱的就是在水中嬉戏。因此，所有被碰上的东西都成了它们的玩具。海豚为什么会把人推向岸边，而不是将人当做玩具那样一直在水中戏弄呢？这与海豚的习性有关，海豚喜欢在深水和浅水中来回巡游。如果人在深水区落水，正好碰上一群向浅水区游玩的海豚时，它们就会顺水推舟把人半推半玩地带到浅水区，或把落水者推到岸边。

那么，海豚为什么会护住落水者或游泳者不受鲨鱼的伤害呢？由于鲨鱼的嗅觉特别灵敏，落水者正好落在鲨鱼出没的水域，人体散发的气味就会吸引鲨鱼前来。假如一群海豚正好在嬉戏落水者，海豚会认为鲨鱼是来抢夺"玩具"而与之格斗。海豚与鲨鱼是天敌，虽然鲨鱼是海中霸王，但它是单独行动，而海豚则是成群结队，结果自然是鲨鱼被赶跑了。

在线小知识

海豚十分惹人喜爱，人们也常用它来象征永恒的友谊。在一些海滨浴场，它还能与游人一起玩耍，让人们轮流用手抚摸它的身体。

懒猴到底有多懒

懒猴的表现

是生活在亚洲热带和亚热带地区密林中的一种猴子，由于这种猴懒得出奇，人们送给它一个形象的雅号——懒猴。

这种猴子懒到什么程度呢？据看到的人说，它一天到晚都不活动，甚至在受到敌人伤害时，也不会显出害怕的样子。

有人曾看到过一只懒猴被豹子咬了一口，它却不慌不忙、慢慢地转过头来，发出像蜜蜂一样的"嗡嗡"叫声，以表示抗议，可身体还是原封不动地待在那里。

由于不爱活动，地衣或藻类植物不断吸收它身上散发出来的水气和碳酸气，竟在它身上繁殖、生长，把它严严实实地包裹起来，使它有了和生活环境色彩一致的保护衣，很难被敌害发现。它可以在大白天安心地蜷曲在树杈上睡大觉，就连眼神最好的鹰也无法发现它。

懒猴特别爱吃鸟蛋，偶尔会捕捉一些昆虫、小鸟为食。经常在原始林中比较高大的树干中上层活动，偶尔也会在蕉林活动。

懒猴的绝活

别看懒猴那么懒，它却有一种绝活，人们至今也没能弄明白其中的奥妙——那就是它的抓握能力。一般情况下动物死

了，它就会四肢放松。而懒猴却不是这样，它会紧紧地抓住树枝不放。有个猎人打死了一只懒猴，但它的两只脚的脚趾紧紧抓住树枝没有掉下。看似简单的问题，要用科学的道理来解释，却不是一件很容易的事情。

科学实验

美国科学家运用基因工程技术，成功地将一群懒猴变成工作狂。研究人员说，基因位于构成大脑神经回路的细胞中，将它阻断。

在试验中，分子基因学家基恩斯将一种特制的药剂直接注射入4只受到训练的猴子的鼻额皮层中，这些猴子变成地地道道的工作狂，而且能保持低出错率，这同他们的个性明显不同，这些动物像人一样，当知道还要做许多事才能得到奖励时就会倾向变懒。

懒猴与小懒猴是目前所知的我国灵长类中仅有的夜行性动物。它畏光怕热，白天在树洞、树干上抱头大睡，鸟啼兽吼也无法惊醒它。它的动作非常缓慢，走一步似乎要停两步。

动物为什么要冬眠

动物冬眠的现象

一些不耐寒的动物，经常用冬眠度过寒冷的季节，这已经成为它们的一种习性。

每年霜降前后，气温就逐渐降低，池塘中的蛙鸣便消失了；长着肉翅膀的蝙蝠倒挂在阴暗的屋梁或洞壁上，开始它的长睡；鼹鼠、仓鼠、穴兔、刺猬等也躲入洞穴，进入一种不吃不动的休眠状态。

此时，休眠动物的体温不断下降，直至同气温接近，呼吸和心率极度减慢，机体内的新陈代谢作用变得非常缓慢，降到最低限度，仅仅能够维持它的生命。

不同动物的冬眠

然而，热血动物与冷血动物的冬眠是不同的。冷血动物的温度，取决于外部的环境，它们体温的升高或降低完全是被动的。

热血动物的冬眠，则能把自己的体温精确而有目的地加以控制。它们能够逐步降低体温，一直降至一定的限度，进入冬眠状态。当它们出眠时，便把制造热量的器官充分调动起来，在几小时内把体温恢复到原有水平。

这种热血冬眠动物所具有的制造热量、补偿体温消耗和保持恒温的高级、复杂的生理现象，引起了科学家的注意，于是它们作了许多研究。

但是，迄今为止，有关动物冬眠的诱因和生理机制还是各有各的说法。

动物冬眠各具特色

在加拿大，有些山鼠冬眠长达半年。冬天一来，它们就掘好地道，钻进穴内，将身体蜷缩一团。呼吸由逐渐缓慢到几乎停止，脉搏也相应变得微弱，体温直线下降，可以达到5度。即使用脚踢它，也不会有任何反应，简直就像死了一样。

松鼠睡得更死。有人曾把一只冬眠的松鼠从树洞中挖出，它的头好像折断一样，怎么摇都不睁开眼。把它摆在桌上，用针也刺不醒。只有用火炉把它烘热，它才悠悠而动，而且需要经过很长的时间。

刺猬冬眠时简直连呼吸也停止了。原来，它的喉头有一块软骨，可将口腔和咽喉隔开，并掩紧气管的入口。生物学家曾把冬眠中的刺猬放入温水中，浸上半小时，才见它苏醒。

蜗牛是用自身的黏液把壳密封起来。绝大多数的昆虫，在冬季到来时不是"成虫"或"幼虫"，而是以"蛹"或"卵"的形式进行冬眠。

动物冬眠的姿势也各不相同。蝙蝠往往在屋梁上或山洞顶部的隐蔽处，把身体倒挂着呼呼熟睡。

刺猬、松鼠和狗獾等在洞穴或窝巢中抱头大睡；石头下、枯叶堆、树洞里，都可以成为蜥蜴的冬眠场所。

蜗牛则躲藏在石缝或枯叶间，连自己的壳也封闭起来，只留一个小孔供呼吸用。

生理学家的观点

行为生理学家把引起动物特有行为的外界信号称为刺激。外界刺激越多，内部本能的适应能力越强。因此，他们认为动物冬

眠主要是外界刺激所致。

这个刺激主要来自两方面：一是环境温度的降低；二是食物不足。上述观点遭到许多人的反对，他们的理由是：人工降温并不能保证所有的冬眠动物都入眠；不少冬眠动物每到冬季就会自动停止或拒绝进食，而并非是食物不足。

科学家们的探索

科学家们用黄鼠进行试验。他们从正在人工条件下冬眠的黄鼠身上抽出血液，注射到活蹦乱跳的、生活在盛夏的黄鼠静脉中，后者随即进入了冬眠状态。这表明，正在冬眠的黄鼠血液中，可能存在一种诱发冬眠的物质。

1983年，科学家从松鼠脑中提取了一种抗代谢激素，他用这种激素注射到无冬眠习性的小鼠身上时，会明显降低它的代谢率，体温也降至10度左右，由此可见激素代谢也可能是诱导冬眠的另一途径。

最近，又有科学家从动物细胞膜上的变化，这一新角度探讨了冬眠机理。但细胞膜变化与神经传导如何联系、作用，细胞膜变化是否真是冬眠的关键因素还有待研究。总之，要解开冬眠之谜，还有待于人们努力探索。

在线小知识

昆虫学家进行长期的观察和研究，查明了昆虫越冬的部分奥秘。冬天，为了防止汽车散热器结冰，人们要加入防冻液。昆虫竟然也会采用相似的办法，在严寒的冬季保护自己。

白色动物从何而来

白色动物的出现

近些年来，在世界各地发现了一些白色动物。在韩国的京畿道的山区里，发现了一种喜鹊，它通身都是白的。在亚美尼亚的一家国营农场，生出了一头白毛水牛。此外，在印度还发现了白虎，在非洲发现了白狮，在我国台湾和云南发现了白猴等。在湖北神农架发现了白金丝猴、白熊、白狼、白蛇、白松鼠、白乌鸦、白龟、白鹿、白麝、白蜘蛛等20多种白色动物。

台湾"美迪"

1977年11月，在我国台湾捕获了一只体色纯白的幼年白化型台湾猴雌兽，取名为"美迪"。马上轰动了整个世界，美国、英国以及世界各国新闻机构报道了这件"奇闻"。

由于"美迪姑娘"已经到了"出嫁"的年龄，仍然没有合适的"白色"配偶，便在1980年7月5日由台湾各报向全世界发出了"征婚"启事，希望能继续繁育出纯白的后代。

恰好云南省永胜县在1980年9月捕

24

获一只毛色纯白的猕猴，收养在中国科学院昆明动物研究所，名叫"南南"，便发出了"应征"信。由于种种原因，这个美好的愿望最终未能实现。

神农架白熊

1954年，一位湖北的农民到树林里采药时，偶然发现了一个熊窝。老熊可能出去找吃的去了，令人惊奇的是，熊窝里竟然有一只白色的小熊！它全身的白毛就像细绒一样，上唇和鼻子尖是淡红色，而且眼睛也是红的。他把小熊装进药筐里，送给了武汉动物园。

其他地方的发现

在我国广西大新县曾发现若干白色的黑叶猴，捕获到的一只，被放在柳州市的柳侯公园中展出。

另外，据说分布于中国的金丝猴也有白化型，有人曾在湖北西部神农架林区考察时见到过一些白色的金丝猴，但没有捕到。

动物界中的白色动物

1987年曾发现白龟，全身为白色，只有双眼鲜红，颈部透明，很像一个雕刻的艺术品。

2003年11月，世界上已知的唯一一只白化猩猩"雪花"在西班牙巴塞罗那动物园里去世。它身患皮肤癌，最终因病情恶化被兽医实施安乐死。"雪花"生前深受人们喜爱，西班牙人为它的

离开非常难过。

2006年1月，美国圣路易斯市的"世界水族馆"曾经拍卖过一条白化双头蛇。这条白化蛇长着两个头、两张嘴，一直是"明星动物"。

2007年11月，阿根廷布宜诺斯艾利斯动物园一对澳洲红袋鼠生下了两只小袋鼠，其中一只是灰色的，另一只竟然是纯白的，看起来像一只大号"白兔"。据悉，袋鼠患先天性白化病现象非常罕见，特别是在人工饲养的条件下。

2009年3月，英国摄影师迈克·霍尔丁在非洲博茨瓦纳的奥卡万戈三角洲拍摄象群时意外发现一头粉色小象。专家称，患白化病的象的皮肤更多是红褐色或者粉色的。白化病在亚洲象中比较多发，但是在较大的非洲象中极为少见。

2009年8月，一对英国夫妇在自家花园内拍摄到了一只患有白化病的画眉鸟，更奇妙的是，这只画眉仅头部为白色，身体其他部位都为正常的黑色。鸟类学家称，这只脑袋为白色的画眉相当稀有，它能活到成年很不容易，因为白色的脑袋更显眼，更容易受到天敌的袭击。

科学家的观察发现

科学家对白色动物观察最多的，是最先发现的白熊。他们发现，白熊从不在一地长期停留，一般生活在海拔1500米以上的原始箭竹林里，以食野果、竹笋为主。

它们虽然看起来像黑熊，但脸比黑熊短，视觉比黑熊强，而且没有冬眠的习惯。白熊性情温顺，高兴时会直立起来，手舞足蹈，有时还模仿人的动作。

对于神农架的白色动物，有的科学家认为是远古残存下来的品种，有的认为是该地区独特的水文气候、地理环境等因素造成的。

动物变白原因假说

这类动物的白色是怎么形成的呢？有人认为，其中可能有一部分是远古残存下来的，一部分是后来变白的。

有人分析，变白可能是地区独特的地质条件，以及水文、气候、环境等因素，导致了白色动物的大量产生。但真正的答案还有待进一步探究。

在线小知识

在白色动物中有一种体色纯白，眼睛发红的白化动物。白化动物体内由于缺少一种酶，不能合成黑色素，无法掩盖眼睛虹膜中的血管颜色，所以形成了身体白色、眼睛红色的白化现象。

海龟为什么埋自己

海龟的自埋现象

在航海史上，曾多次记载着海龟救人的传奇故事。海龟是我们人类的好朋友。海洋生物学家们对它的生活习性进行过不少研究，但一直不知道海龟还有自埋的行为。

前几年，在美国佛罗里达州东海岸的加纳维拉尔海峡，有人发现了把自己整个身体都埋在淤泥里的海龟。当时，他们还以为是个海龟壳。扒开淤泥，挖出来一看，原来是只活海龟！

这个奇闻一传开，很多潜水员都觉得这是一件很新鲜的事。因为在他们的潜水生涯中，从来就没有听说过，更没有见过这种海龟自埋的怪事。

探究海龟的自埋

究竟是什么原因，使海龟把自己活埋在淤泥里呢？为了探索海龟自埋之谜，海洋生物学家们到实地进行了观察和研究。

有的科学家发现，在一些个子较大的雄海龟身上，常常寄生着好多藤壶。所以他们认定，海龟要摆脱藤壶的纠缠，才钻进淤泥里去的。

而另一些科学家却亲眼观察到，海龟自埋的时候，是把脑袋扎到淤泥里的。在它们头上寄生的藤壶，虽然因为陷入淤泥，缺氧而死。可它们身体中部和尾巴上的藤壶，却仍然活得好好的。

海龟是海洋中躯体较大的爬行动物，它们用肺呼吸，因此每

下潜10多分钟就要浮到水面上换一次气，不然就会被憋死。究竟是什么原因导致海龟自己把自己活埋起来呢？它们全身埋在淤泥里为什么不会憋死？这是它们冬眠的一种形式，还是它们清除藤壶的一种方法？或者是在冰凉的海水中自我取暖的一个窍门？

藤壶是一种小型甲壳动物，体外有6片壳板，壳口有4片小壳板组成的盖，固着生活于海滨岩石、船底、软体动物以及其他大型甲壳动物身上。

专家们观察发现，在一些大个儿的海龟身上也常常寄生着许多藤壶，这既影响它们游泳，又会使它们感到难受。

因此，有人猜测，可能是为了要摆脱藤壶，海龟才钻进淤泥。但是，埋在淤泥中的海龟是头朝下，尾巴朝上，它们头部和前半身的藤壶因陷进淤泥较深而缺氧死掉，可后半身和尾部埋得

很浅的藤壶却依然活着。这不是解决问题的办法。因此，关于藤壶的猜测就难以成立了。

另外，一些身上没有藤壶的大个儿雄海龟，在海底也有这种自埋的习性。所以，认为海龟是为了清除藤壶而自埋的说法，就站不住脚了。

发现自埋的海龟

过了些日子，一个潜水俱乐部的会员们，来到一个港湾里进行训练。当女潜水员罗丝潜入海底的时候，她发现淤泥里露出一只海龟壳，像是被人扔掉的。罗丝游了过去，先慢慢地查看了一下四周的环境，拍下了照片，然后伸手把海龟壳提起来，原来这

是一只整个的活海龟！

此刻，这个活埋自己的家伙被惊醒了，它不满意地抖掉了身上的淤泥，转身游走了。

没过多久，罗丝又发现了一只海龟壳。不过，这是一只大个子雌海龟，它并没有睡觉，反映特别敏感。罗丝还没碰到它，它就搅动起淤泥，趁海水一片浑浊，什么也看不清的时候，逃之夭夭了。

不一会儿工夫，罗丝的同伴们也发现了两只埋在淤泥的大雌海龟。后来，她们在海底只找到了一些海龟待过的泥穴，再也没有看到一只自埋的海龟。

生物学家的猜测

佛罗里达州的一些海洋生物学家，根据罗丝他们的新发现，否定了前些时候的种种猜测。他们认为：

第一，在潜水员发现的4只自埋海龟中，有3只是大个子的雌海龟，这就推翻了大个子雄海龟为摆脱藤壶而自埋的说法。

第二，从潜水员们观察到的情况来看，海龟的自埋仅仅是一个短暂的现象，所以不能认为它们是在冬眠。

第三，根据罗丝的记录，她发现海龟自埋的时候，海底水深是27.4米，水温是21.7度。这也就说明了一个道理，海龟自埋并不是为了取暖。

那么，海龟自埋到底是为了什么呢？海龟自埋的现象是偶然

的，还是经常发生的？对于这些问题，目前有以下三种解释。

第一种解释：这可能是海龟冬眠的一种方式，因为海底的动物和许多陆地动物一样，也有这种长时间睡眠的方式，比如海参就有夏眠的习惯。

第二种解释：这是一些海龟清除身上的藤壶而采取的方式。在淤泥里的长时间的浸泡，会让这些讨厌的寄生虫窒息。

第三种解释：这是海龟在冰冷的海水里取暖的一种方式。可是这些猜测很快就都被不久后的各种发现给否定了。此后生物学家们又作了各种各样的假设，却都难以自圆其说。

那么究竟为什么海龟要把自己藏起来呢？相信终有一天人们会揭开这个谜团的。

在线小知识

藤壶是一种小型甲壳动物，体外有6片壳板，壳口有4片小壳板组成的盖，固着海滨岩石和软体动物、甲壳动物身上。大个儿的海龟身上常寄生着藤壶，这既影响它们游泳，又会使它们感到难受。

鱼也能当医生吗

科学家的发现

人一旦有了病，都要到医院去看医生，经过医生治疗，使疾病得到解除。

那么，生活在水中的鱼得了病之后，也有医生看吗？有，那就是清洁鱼，鱼一生了病，它们就去找清洁鱼。这一秘密是科威特的海洋生物学家库拉达·兰姆布发现的。

有一次，他在美国加利福尼亚海岸附近的水域进行科考时，发现有一条大鱼突然离开鱼群，向一条小鱼冲去，这条大鱼要比这条小鱼大10多倍。

库拉达·兰姆布以为那条大鱼要去吃那条小鱼呢！可出乎意料的是，那条大鱼到了小鱼面前，温顺地待在那里，乖乖地张开了鳍。

小鱼则靠上前去，用自己尖锐的嘴紧粘在大鱼身体上，就好像在吸吮浮汁。过了一会儿，小鱼突然跑出来，消失在水草之中。大鱼也回到它的同伴那里去了。

会看病的小鱼

这究竟是怎么回事呢？原来小鱼就是鱼的医生，这是在给大鱼看病。

生活在海洋里的鱼和人一样，不断地受到细菌等微生物和寄生虫的侵袭。这些令人讨厌的小东西黏附在鱼鳞、鳃、鳍等部

位，就会使鱼染上疾病；同时，鱼之间也在不断发动战争，一旦受了伤，也需要治疗。那么谁来给它们治病呢？医生就是前面提到的那种小鱼，人们给它起了一个好听的名字——清洁鱼。

清洁鱼给鱼治病，既不打针，也不吃药，而是用它那尖尖的嘴巴清除病鱼身上的细菌或坏死的细胞。

不过它在给鱼治病的时候，对病鱼也有很严格的要求，要求它们必须头朝下，尾巴朝上，笔直地立在它面前，否则它就不给予治疗。假如鱼得病位置是在喉咙里，那么，病鱼就必须乖乖地张开嘴巴，让医生进去清除病灶。

试验后的结论

科学家们曾做过实验。他们在一定的水域里，把所有清洁鱼都请出去，只过了两周，他们就发现，不少鱼的鳞和鳃上都出现

了肿胀，有的还得上了皮肤病；而有清洁鱼的水域，鱼则生活得很健康。由此可以证明，清洁鱼是称职的鱼医生。

在海洋里，大约生活着40多种清洁鱼。它们的医院一般设在有珊瑚礁或岩石突出的地方。有人曾发现，一条清洁鱼在6个小时内医治了几千条病鱼。

海洋馆请来"医生鱼"

广州海洋馆的海底世界里，饲养着3条身长超过1.8米的豹纹海鳝，饲养员发现大海鳝口腔牙缝中的食物残渣不少，身上附有外来寄生虫，考虑到这将会影响到它们的健康，海洋馆工作人员及时采取措施引进一批"医生鱼"为它们治病。

2005年8月2日，广州海洋馆把100多尾"医生鱼"，分别放养在海底世界的各大鱼缸。一到"新家"，"医生鱼"就开始忙碌，东游西窜在鱼群中穿梭，认真地寻找"有病"、"有寄生虫"的鱼。奇怪的是凶猛的鲨鱼、威猛的龙趸、尖

齿獠牙的裸胸鳝……见到这些"医生鱼"游来，都显得十分温驯，并张开大嘴、打开鳃盖，任由"医生"进入"清污治病"，而不会"吃掉"它们，情景相当有趣。

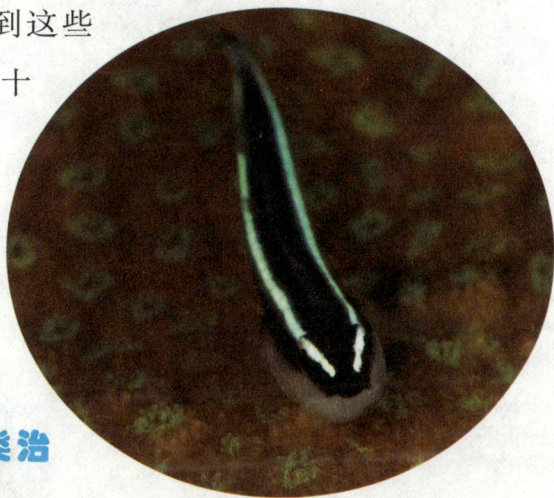

"医生鱼"给人类治病

在土耳其的温泉里，栖息着许多能治病的"医生鱼"。

"医生鱼"的绝活是为人治疗各种皮肤病、皮肤溃疡和丹毒。世界各地有不少人慕名而来，希望能享受到"医生鱼"的神奇治疗。

当患有皮肤病的人进入温泉时，成群的"医生鱼"就会团团围过来，对准患处开始啄咬。小鱼的啄咬加上温热的泉水不断冲洗患处，就好像在做全身按摩，使患者感到十分舒服。"医生鱼"的治疗十分有效。9天内，"医生鱼"就可以替人治愈奇痒难忍的皮肤病，而且再也不会复发。

在线小知识

在巴哈马热带海域，有一种专司清洁工作的虾，常在鱼类聚集的珊瑚中间找到适当的洞穴行医。遇到有病的鱼，它会爬到鱼的身上，用锐利的钳把外寄生虫拖出来，然后再清理受伤部位。

生存竞技

动物在漫长的进化过程中，掌握了高超的生存技能。为了生存，它们所表现出来的智力常常令人叹为观止。例如，山龟能够捕鹰，蝙蝠敢于杀人，螳螂能够猎蛇，猫头鹰也会复仇……每一种动物的生存智慧，都能为我们带来极大的震撼和惊叹。

智捕山鹰的山龟

老鹰发现山龟

海南岛五指山的密林深处，一只老鹰正在山谷盘旋。只兜了半个圈子，就发现了搜寻目标。小溪边的两块大石头的缝隙中，一头小小的乌龟一动不动卡在里面，它的四肢和头尾都不见了，不知是缩进了龟甲，还是已经被其他食肉兽咬掉。老鹰从天而降，急不可耐地朝乌龟身体下了嘴。

乌龟的壳好硬，带钩的尖鹰嘴啄上去"啪啪"直响，什么也咬不到。石头缝隙太小，鹰爪伸不进去，它只得耐心地一点一点寻找能下嘴的地方，哪怕能咬下一小块龟肉，也可以填填饥饿的肚子。

老鹰反受袭击

在龟甲的前端，乌龟颈子伸缩处，软软的有一块咬得动的地方。老鹰把尖尖的嘴伸进隙缝中，想咬住乌龟的脖颈往外拽。没料到突然从那块软软的地方伸出乌龟的脑袋，一张嘴就咬住了老鹰的尖嘴。它一口咬住鹰嘴便再也不肯松开，憋得老鹰将头左右甩动，一

下子把乌龟拉出了石缝，拍拍双翅，腾空飞去。在空中，老鹰更奈何不了小小的乌龟，乌龟的嘴巴死命咬住鹰嘴，尾巴也从龟甲中伸出来，借着飞行中的晃悠劲，一下又一下刺向老鹰的胸膜。

老鹰经受不住了，疯狂地伸出爪子朝乌龟乱抓一通。这一下，老鹰失去了平衡，终于从高空旋转而下，"砰"的一声撞在大石头上，再也动弹不了。那只小小的灰白色乌龟，依旧咬着老鹰的尖嘴不放。过了好大一会儿，乌龟的头才慢慢从龟甲中伸出来。它终于看清，不可一世的老鹰已经摔死。

山龟肢解老鹰

灰白的山龟放下心来，舒展开四肢，尾巴也露了出来，这可是它最锐利的武器。它背过身子，伸出尾巴，在鹰的颈项间来来回回抽动，好像锯子一般把鹰脑袋锯下来。乌龟毫不客气地吸吮着老鹰的血，待肚子略有饱感后，又开始肢解老鹰的身子。后腿锯断后，翅膀锯下来了，最后山龟把鹰肉拖进大石的缝隙藏好。这么大一只老鹰，足够山龟吃好一阵子了。

在线小知识

老鹰，也叫鸢，嘴蓝黑色，上嘴弯曲，脚强健有力，趾有锐利的爪，翼大善飞。吃蛇、鼠和其他鸟类，通常在峡谷内觅食，一次生1枚至3枚蛋，小老鹰会驱赶同伴，或者吃掉同伴。

智斗猎狗的火狐

火狐发现猎狗

天亮时分，一只火狐刚外出归来，跃上一处悬崖，就发现山坡上出现了一只健壮的猎狗和一个猎人。猎狗东闻西嗅，好像要往悬崖边走过来。

火狐知道，这悬崖下一处山洞里，有两只小火狐正在嬉戏玩耍，等待着自己归巢。一旦让猎狗发现了山洞，后果不堪设想。

火狐引开猎狗

火狐立刻轻轻叫了几声，算是对山洞里的狐仔发出警报。自己则调头纵身跳下悬崖，在猎狗前方一晃，奔向一处山林。

正在搜索的猎狗和主人，见前方有火红的东西一闪而过，明白是遇上了火狐，便马上紧紧追了过去。

倒霉的是那片树林子不大，并且树木稀疏。猎狗追，猎人围，火狐难以脱身，便蹿出树林，向山下奔去。它知道，山脚下有一条河。

火狐奔到河边，"扑通"跳进河里游向对岸。虽然这河里

的水流并不太急，但河面却很宽阔。猎狗追到河边，也毫不犹豫地跳下河去。

猎人追至河边，面对宽阔的河面，一时竟没了主意，只好望河兴叹。这样，火狐先摆脱了猎人的追捕，排除了一份危险。

猎狗的游泳技术高，与火狐几乎同时到达岸上。河岸上灌木丛生，野草茂密是很便于藏身的。

可是猎狗的鼻子相当灵敏，火狐东躲西藏，总是被猎狗发现，几次差点被猎狗逮住。

火狐自救失败

正在这时，迎着东升的太阳，火狐发现一群山羊正向河岸这边走过来，牧羊人在后面大声吆喝。火狐灵机一动，急忙奔跳过去，一下钻入了羊群，还使劲地在羊身上蹭。

火狐想让自己身上的气味留在羊群里，让猎狗进入羊群后迷失追踪方向，自己再伺机逃走。

可是哪料到羊群一阵大乱，竟四散逃蹿。那牧羊人先是一愣，继而发现了火狐，便甩响了鞭子，大叫："抓狐狸！抓狐狸！"火狐急了，心慌意乱地奔出羊群，仓皇逃命。而那猎狗原来就没上当，它守在羊群外面，见火狐钻出羊群逃命，便绕过羊群，直向火狐扑去。

火狐经过这一番折腾，体力大减，现在又被逐出羊群，疲于奔命，速度越来越慢。它知道，今天是凶多吉少了，眼里掠过一丝悲伤。

火狐脱离险境

眼看快要被猎狗追上了，火狐忽然听到一阵"隆隆"声。火狐精神一振，喜出望外。

果然，400米开外的山洞里钻出一列火车，沿铁轨向自己的前方疾驰而来。火狐像是捞到了救命稻草，一阵狂奔，拼命冲向铁轨。

"呜——"在火车迎面而来的一瞬间，火狐终于拼死越过铁轨，落荒而去。

再说那猎狗奔到铁道边时，长长的列车正好"轰隆"而过，挡住了它的去路，它急得前足趴地，"呜呜"直叫。几十秒钟后，列车驶过，猎狗引颈张望，早已不见了火狐踪影。

它低头在铁轨上嗅寻火狐留下的气味，可惜那气味因车轮与铁轨摩擦发热而消失了。这时的猎狗沮丧万分，只得回头去寻找自己的主人。

火狐又叫红狐、赤狐等，细长的身体，尖尖的嘴巴，大大的耳朵，短小的四肢，长长的大尾巴。它的爪子却很锐利，跑得也很快，追击猎物时速度可达每小时50多千米，而且善于游泳和爬树。

智捕斑马的山猫

山猫迷惑斑马

南非草原，一眼望不到边际，一丛矮树林边上，一群斑马正在吃早餐，几匹雄斑马在马群四周放哨，其余的斑马则悠闲安然地啃着鲜嫩的草叶。

即使在最平静的环境里，它们都不敢有丝毫的松懈。果然，过了不久，就闻到一股异兽的气味，那气味虽不浓，却可以断定就来自附近。斑马使劲煽动鼻翼，警惕地向四周张望。

这时突然看到前方草丛一阵晃动，随即钻出一头小山猫。那山猫短短的尾巴，全身灰溜溜，几乎跟草地的颜色一样。

山猫发起攻击

斑马觉得这小东西傻乎乎的，威胁不了自己。可就在这一刹那间，已经挨近放哨斑马的山猫突然猛一腾身，变得十分矫健灵活，在空中扭了扭腰，一下子落在斑马脖颈上，4条腿往斑马脖子上一搭，锐利的爪子立刻从肉垫里伸出来，深深刺进了斑马脖颈的皮肤中，身子也紧紧贴住斑马的脖子。

斑马颈背上出现了一阵刺痛，顿时感到了危险。它大声嘶叫起来，撒腿狂奔。马群也开始骚动起来，潮水一般卷过了草原。

那头斑马还是落在马群最后，它一会儿快，一会儿慢；一会儿左拐，一会儿右拐；有时还突然停下，忽上忽下，忽前忽后在原地跳跃，一心想把背上的山猫甩下地去。

可是，山猫却像钉子一般，牢牢钉在斑马颈脖子上，再也不肯松开爪子。

结束斑马生命

斑马群越奔越远。那匹放哨的斑马最终因体力消耗过度，脚步渐渐慢了下来。

山猫喘过一口气，慢慢腾出身子，张大了嘴，在马颈椎上狠

狠地咬起来，尖利的牙齿一块块撕下马颈肉，一会儿便咬开一个大口子。

斑马的颈椎骨露了出来，随着"咔嚓咔嚓"一阵声响，斑马的颈椎骨被咬断。

斑马发出一阵凄厉的长嘶，再也支撑不住了，猛然倒在草地上，双眼依旧瞪着远方。马群扬起的团团尘土越来越远，它再也无法追上前去。

狡猾的山猫骗过了警惕的斑马，咬死了比自己大许多倍的猎

物，它可以安安稳稳享用自己的美餐了。这么大一匹斑马，吃上十天半月是不成问题的。

山猫竟能咬死比自己大的猎物，真是不可思议啊！

在线小知识

山猫即是猞猁的别名，体型似猫而远大于猫，生活在森林灌丛地带，密林及山岩上较常见。长于攀爬及游泳，耐饥性强，可在一处静卧几日，不畏严寒，喜欢捕杀狍子等大中型兽类。

49

杀大象的青蛙

大象离奇死亡

1968年12月3日上午，肯尼亚与坦桑尼亚接壤的塞利吉泰平原，生活着许多野生动物，已被肯尼亚与坦桑尼亚两国政府共同确定为野生动物保护区，也就是国家公园。

这一天，公园中的警察汉尼顿和动物保护局官员海尼，在进行例行巡逻时，发现有5头大象倒在沼泽地的边上，不停地呻吟着。起初两人都认为是有人盗猎，可走近前一看，大象身上并没有中弹的痕迹。海尼赶紧拿出急救箱，给每一头大象打了一针强心剂和止痛针，可大象还是呻吟不止。两人面对大象，面面相觑，束手无策。不一会儿，5头大象一个个地接连断了气。

大象死亡原因

他们在死象身上检查来检查去，终于发现了秘密，在每头大象的脖子上，都有五六只大青蛙，它们把嘴巴深深地刺进大象的脖子里，还不断吐着黄褐色的泡。

原来，大象是被青蛙给杀死的！汉尼顿赶紧用无线电向总部报告这件奇怪的事情，并请求派医生支援。5分钟以后，一架直升机载来了公园里医术最高的医生克里斯。克里斯查看了现场，深感惊诧，觉得不可思议。他让汉尼顿和海尼去抓

几只青蛙带回去研究。可当他们两个捉住青蛙时，都不约而同地惊叫起来，像触电一般又立即把抓在手中的青蛙扔掉。"青蛙有毒刺。"他们两个异口同声地说。

解剖有毒青蛙

最后，他们还是捉到几只大青蛙带回了实验室。克里斯经解剖发现，头部长着又粗又尖的角，不断冒出一种难闻的黄褐色汁液。经分析，这种褐色的汁液比非洲眼镜蛇还要毒上4倍。难怪那些大象会死于非命。他们把青蛙制成标本，陈列在肯尼亚国家森林公园的展示室里。从那以后，这种有毒的青蛙再也没有出现。

让人不解的是，这些青蛙身上为什么会带有毒素？为什么又突然消失？这神秘的青蛙留给人类又一个未解之谜。

箭毒蛙是全球最美丽的青蛙，也是毒性最强的物种之一。毒性最强的物种体内的毒素可以杀死20 000多只老鼠，它们的体型很小，最小的仅1.5厘米，也有达到6厘米的，生活于南美的热带雨林。

复仇的猫头鹰

猫头鹰伤人严重

有一年5月的一个傍晚，湖北省丹江口市一家姓张的农户，突然遭到了猫头鹰的攻击。

说来奇怪，这家人一出门，就有一只壮实硕大的猫头鹰像战斗机那样俯冲下来叼啄他们。

女主人进进出出频繁，所以受冲击最多。

有一次，她的额头竟被啄得皮开肉绽，吓得她自此不敢离家一步。

第二天清晨，男主人出门干活时，刚刚走出家门口，猫头鹰便"嗖"地迎面扑来。

只听他"哎哟"一声惨叫，右眼流血不止，急去医院检查，眼角膜不幸穿孔，当即失明。

村民们疑惑不解

这件事引起了村里人的议论。有的说，猫头鹰通常昼伏夜出，善于捕鼠，但它怕人，从没听说它伤害人。

有的说，这猫头鹰为什么专门

攻击张家的人，而不碰别人一根毫毛呢？这可是个谜！这事传到了市科学技术协会，他们马上派人来调查，终于弄明白了是怎么一回事。

猫头鹰的家被抄

原来，年初有一对猫头鹰选了张家的墙洞做巢。它们在此安居乐业，生儿育女。不久就添了5只可爱的小猫头鹰，成天"叽叽叽叽"地欢叫。

可是，一天上午，它们被村里的一群淘气小孩注意上了。

孩子们不知道猫头鹰是益鸟，应该好好保护，竟去抄家伙捉鹰崽。

他们爬上梯子后，就用棍子在墙洞里乱捣一通，想把大猫头鹰赶走后，再动手去抓它们的孩子。

猫头鹰白天怕光，那时正在歇息，突然遭到袭击。

雌猫头鹰和它的两个儿女慌忙逃命，从高高的墙洞跌下，当场摔死。

雄猫头鹰和另外3只小猫头鹰被生擒活捉以后，孩子们各人分得一个俘虏带了回去。

张家儿子小涛带回一个最小的，养在家里玩耍。

猫头鹰伤人原因

从那之后，因雄猫头鹰毕竟老练，它惊魂稍定，趁逗弄它的孩子不注意，展翅飞逃而去。它飞回巢穴，见妻离子散，好不凄惨！悲痛之余，它一反常态。

除了晚上捕鼠，白天也常飞出巢来，寻访小猫头鹰，也寻访它的仇人。

它的巢穴离小涛家最近，很快它就听到小猫头鹰的"叽叽"叫声。它几次想救出孩子，可总未如愿。

　　这么一来，它就更加恼怒了。于是，它采取了极端的报复手段，只要见到张家的人走出门，就不顾一切地向他们展开进攻……

　　孩子们的顽皮，直接造成了一个壮年男子汉的右眼失明，这可是惨痛的教训呀！

　　猫头鹰视觉敏锐，在漆黑的夜晚，能见度比人高出100倍。它们有一个转动灵活的脖子，头的活动范围为270度，所以头部可以转向后方。它们还是唯一能分辨蓝色的鸟类。

杀人的红蝙蝠

神秘古堡

印度西部的塔尔沙漠里，坐落着一座古老的城堡。门前隐约可见一条褪色的告示：过往人畜切莫在此留宿！

多少年来，别说行人不敢走近，就是那些商旅驼队也远远地绕开古堡，提心吊胆地赶路。

因为，凡是夜间在此地住宿或路过的人畜，都会莫名其妙地丧命在古堡之下。

为此，印度警方向全世界发出悬赏布告："凡能破古堡疑案者，奖励10000卢比！"

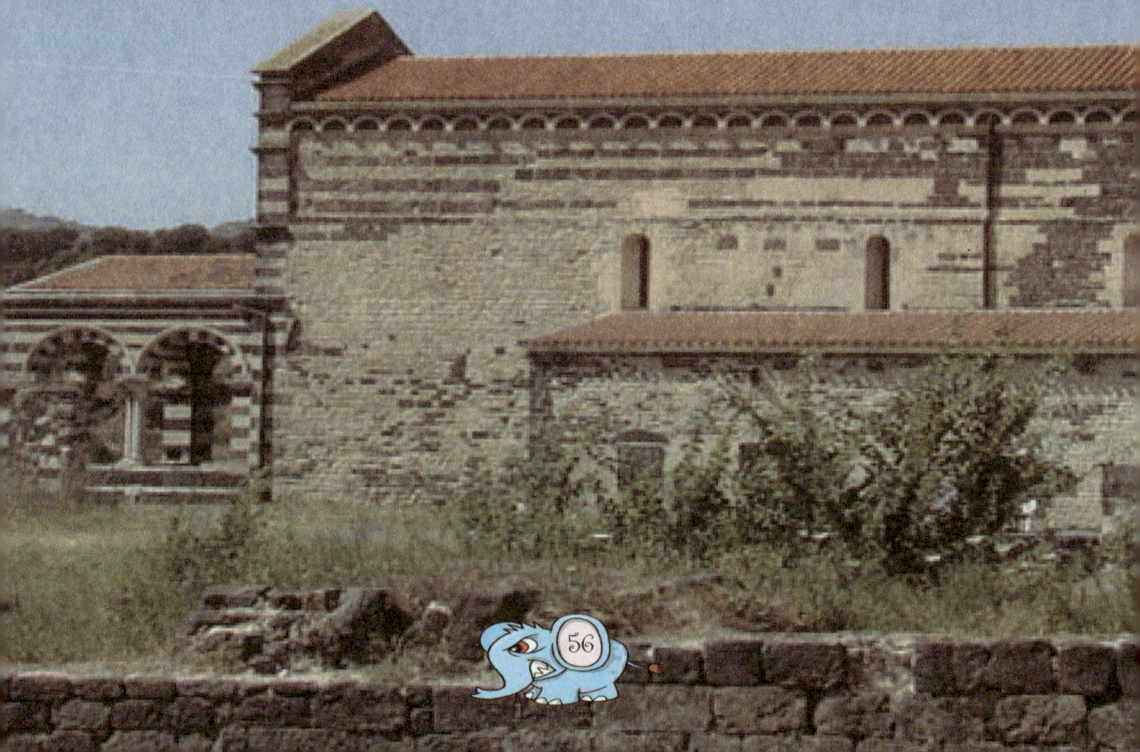

准备探秘

布告发出一年后的一天，有人叩响了警察局的大门。老人自称来自英国，叫毕德莱克。

警察局长声明，万一出了事，警方不负任何责任。最后他向毕德莱克表示，如果需要什么人力和物质的帮助，警方一定满足他。然而，老人很相信自己的能力，他摇摇头表示什么也不需要。

毕德莱克离开警察局，立即来到一家杂货铺，买了一只大铁箱子和一张渔网，又去一个耍猴人那儿买了一只猴子。

一个月黑星稀的夜晚，塔尔沙漠一片沉寂，矗立在其上的古堡像恐怖的幽灵一般。

这时，毕德莱克驾驶着一辆马车由远而近地驶来。马车在古堡前停下，毕德莱克从车上敏捷地跳下。他迅速从车上搬下铁箱和渔网，牵着那只猴子，走进了黑洞洞的古堡。

他从身上取出一只药瓶，在猴子的头上涂上了药水，然后将猴子赶进那张渔网里。

接着，他打开铁箱，把自己藏在里面，盖上箱盖，手里牢牢抓住网绳，从箱缝里窥视外面的情况。

黑影现身

不一会儿，从古堡的黑暗里传来一声怪异的啼叫声，叫声在大厅里激起回响，使人毛发直竖。叫声过后，便有一阵"哗啦啦"的响动。

毕德莱克心头一惊，他盼望的东西终于来了。他屏住呼吸，紧紧抓住网绳，等待着……

突然，一团黑影从古堡顶部飞下来，向那只猴子猛扑过去。猴子已酣然入睡，忽然被什么东西在头部猛扎了一下。剧痛难忍，发出一阵惨叫。

躲在铁箱里的毕德莱克早已看准了时机，一听到惨叫声，他飞快地收紧手中的网绳，那团黑影被罩在了网中。它拼命扑腾了几下，不动了。

过了一会儿，毕德莱克确认网中的那团黑影已经失去了知觉，他从铁箱里跨出来，小心翼翼地走近它……

揭开迷案

塔尔沙漠200多年的迷案终于被揭开了……

  原来是一只形象十分奇特的大蝙蝠。它的身体呈暗红色，长着一对大翅膀，最吓人的是它的喙，好似一根长长的钢针！

  人们全都吓坏了。毕德莱克告诉大家，它就是古堡里夜间杀人的凶手！凶器是钢针一样的喙，刺入人或兽的头部，吸吮脑汁，放射毒液，立刻将人或兽置于死地，所以难以在死者身上找到外伤的痕迹。这种红蝙蝠在世界上极为罕见。

  红蝙蝠具有敏锐的听觉定向系统，以血为食。分布在美洲中部和南部，体型小，最大的体重不超过30克至40克。它们的拇指特长而强，后肢也很强大，能在地上迅速跑动，甚至能短距离跳跃。

撞翻大船的蝴蝶

一次紧张的航行

1914年，第一次世界大战的烽火刚刚燃起，整个欧洲大陆笼罩在一片战争的阴霾中。

这天，印度洋上空晴朗高爽，在波涛汹涌的波斯湾海面上，"德意志号"轮船正满载货物疾速行驶。

船长隆·贝克双眉紧皱，不时用略带沙哑的嗓音向舵手发出指令。

年轻的舵手神情严肃，全神贯注地操纵着方向盘。

尽管"德意志号"轮船不是头一回远航，船员们对这里的海况也了如指掌，然而战争的阴云，却时时刻刻笼罩在每个船员的心头。

蝴蝶群扑面而来

船终于驶离波斯湾，隆·贝克这才松了一口气。他已经几天没好好合过眼了。就在这时，他忽然发现海空骤然阴暗下来。

在大海上航行，风云变幻是常事，然而眼前并没有出现乌云，也没有雷电来临前的迹象。

他推开舷窗，听到一阵奇特的"嗡嗡"声，在海天之间，

一大片云状的东西，正以迅疾的速度铺天盖地压过来。隆·贝克慌忙举起望远镜，不禁万分惊讶地叫出声来："我的上帝啊，蝴蝶！蝴蝶！"

甲板上的船员也几乎同时惊叫起来。不知从什么地方飞来了，这数以千万计的蝴蝶组成的云阵。它们浩浩荡荡，遮天蔽日，扑向"德意志号"轮船，转眼间船就被包围了。

然后蝴蝶如同潮水般地迅速涌进船上的每个角落，顷刻之间就密密麻麻地布满了甲板和船舱，连烟囱和缆绳也被它们占据了。船员们被这突如其来的袭击惊呆了。还没等他们回过神来，个个脸上、身上都落满了蝴蝶。

"德意志号"轮船上顿时乱作一团。船员们在甲板上四处乱奔，挥舞着双手，拼命驱赶。然而，这些平时招人喜爱的蝴蝶，此刻却成了无法驱赶的灾难。

蝴蝶占领德意志

隆·贝克也有几十年航海经验了，却从未看到过这样可怕的景象。他的"德意志号"轮船已经完全被蝴蝶占领。蝴蝶群开始向驾驶舱进攻了。隆·贝克惊呼一声："不好！"一个箭步冲出驾驶台，挥舞双手大声命令船员赶紧打开灭火器。

顿时，白色的泡沫四处横飞，受到袭击的蝴蝶更是横冲直撞。一群蝴蝶在泡沫中如纸片一样落下，更多的蝴蝶又前仆后继地冲上来。

几分钟后，灭火器失去了威力，而"德意志号"轮船却陷入了至少1000万只各种各样蝴蝶的重重包围。

船员们已经无法睁开眼睛，呼吸也十分困难，绝望地尖叫着。无计可施的隆·贝克想下达最后的命令，加快速度冲出重围。可是，已经来不及了。蝴蝶大军把他压迫得喘不过气来。

与此同时，他感到巨轮在剧烈地摇晃，舵手再也看不清航向。隆·贝克意识到那可怕的一刻就要降临。

蝴蝶突然失踪

几秒钟后，一阵剧烈的撞击，在一片惊恐而绝望地喊叫声中，失去控制的"德意志号"轮船迎面撞上了礁石。

就在"德意志号"轮船白色的桅杆最后在海面上颤动一下的那一刹那，蓝色的海面上腾起了成千上万只蝴蝶，浩浩荡荡，密密麻麻，一下子便不见踪影。

世界上最大的蝴蝶：产于太平洋西南部的所罗门群岛和巴布亚新几内亚，叫做亚历山大鸟翼凤蝶，最大的36厘米。是由罗斯柴尔德于1907年命名，以纪念英王爱德华七世的妻子亚历山大皇后。

吃人的巨蚁

准备探险之旅

贝里仁是一名比利时探险家，他要去南美洲的一座古代废墟进行考察。在此之前，要穿越一片古木参天的原始森林，他雇佣当地人查干做他的向导。

在他之前曾有不少探险者，来这里再也没有回去。可这并没有使他退却，他给了查干优厚的报酬，便出发了。

探险中遇险

3天后，贝里仁感到双腿有些沉重，正想招呼查干歇一歇，只听前方树林里"哗啦啦"一阵响，他立即警觉地闪在一棵树后，查干也站住了。

树林发出一阵阵越来越大的响动。贝里仁一惊，右手本能地握住口袋里的手枪，双眼注视前方。影影绰绰的丛林中，出现了一个黑乎乎的庞然大物！

贝里仁心里惊叹着。怪物一步步地向他们的藏身处逼近。那怪物很高，小小的脑袋，狭长的脊背一拱一拱的，脚像树干一样撑在地上。如果不是怪物脑袋上长着两根长长的触须，贝里仁简直不会想到这可能是巨蚁！他一下想起了读过的一本有关南美土著部落的史记，里面曾提到过巨蚁这种奇特的动物。

惊慌击败巨蚁

还没等贝里仁想出对付的办法，巨蚁忽然在查干藏身的树前

停住了。查干吓得慌了手脚，浑身哆嗦。贝里仁来不及多想，瞄准巨蚁一扣扳机，"砰！"巨蚁似乎被击中了。然而它仅仅摇晃了一下，又向他们逼来。

贝里仁又连发5枪，巨蚁终于倒下了。随着一阵巨响，树林里又出现了几只巨蚁。查干受到了两只巨蚁的袭击。眨眼工夫，巨蚁已经撕碎了查干的脚，贝里仁怕开枪伤着查干，只好对天鸣枪。巨蚁这才拖着同伴的尸体逃走了。

平静后的恐惧

四周一下子平静了，贝里仁简直不敢相信刚才发生的一切，直至看着坐在地上呻吟的查干，才想到如果刚才稍一迟疑，查干可能就没命了，心里不免有些后怕。或许，那几个到南美探险失踪的人，可能和他们有过共同的遭遇。

贝里仁懊悔不已的是当时没来得及抢拍照片，那对于证实这种可怕的动物是否存在，将是十分有用的。

在线小知识

巨蚁是根据德国梅塞尔页岩与附近艾克菲德马尔的惊人发现而来。这些蚂蚁是已知最巨大的蚂蚁。目前只有体型大的有翼雄蚁与蚁后化石保存下来，最大的蚁后翼幅达13厘米，比部分蜂鸟还大。

吃蟒蛇的蚂蚁

蟒蛇吞吃水鹿

这个故事发生在越南南方湄公河畔的热带丛林中。

这一天，一条长达8米的大蟒蛇潜伏在一棵大树上，等待着猎物的出现。

大约一小时后，一只水鹿从树下路过。大蟒蛇从树上一跃而下，用身躯把水鹿紧紧地缠绕住。

水鹿左右挣扎，无济于事。它的骨骼在越缠越紧的蟒蛇怀里"喀叭喀叭"地被勒断，并渐渐窒息而死。

随后，大蟒蛇把水鹿用劲挤压成长条状，一下子把水鹿吞进

了肚子，地上只留下了一滩腥血。

大蟒蛇吞下水鹿后，蛇身胀得更粗更大了。它感到吃力，就在溪边的草地上躺下休息。

蟒蛇遭遇蚂蚁

10多分钟后，沙滩上出现了一群大蚂蚁，极其迅速而又准确地爬向大蟒蛇。原来这是一群凶猛的尾巴带毒的食肉游蚁。

它们有特别灵敏的嗅觉，在几百米之外，就嗅到了草地上的那股血腥味。

不一会儿工夫，成千上万只游蚁，如同一股褐红色的水流，涌向大蟒蛇。大蟒蛇被剧烈的疼痛弄醒了，惊异地看到周围密密麻麻一大片，有数百万只游蚁在向它进攻。

大蟒蛇害怕起来，就扭动笨重的身子向四周猛撞，它要把蚁群们驱赶开去。可是，食肉游蚁们不会轻易逃跑，它们紧紧围住了大蟒蛇，轮番向它进攻，咬它皮肉，向它体内注射有麻醉作用的蚁酸。

大蟒蛇身上爬满了游蚁，痛苦万分，它拼命翻滚，想把身上的游蚁甩脱。但是，游蚁们宁可被压烂也绝不松嘴，它们前赴后继，越围越多。

大蟒蛇更慌了，它忍住痛，拖着笨重的身体，开始游动，想突出重围。然而，数百万只游蚁把它围得水泄不通，它像游进了蚂蚁的海洋一样，游到哪里都遭到蚁群的攻击，始终冲不出蚁群的包围圈。

那些具有麻醉性的蚁酸，使蟒蛇逐渐感到头脑昏沉，软乏无力，最后趴在沙地上，任凭游蚁们咬食摆布。

蚂蚁分解蟒蛇

游蚁们制服了大蟒蛇后，开始啃的啃，咬的咬，运的运，把

大蟒蛇的肉一块块撕咬下来，运回窝里。很快，从大蟒蛇到游蚁窝之间，又形成了两条小溪流，一些游蚁奔向大蟒蛇，一些游蚁爬回蚁窝去。数小时后，地上只剩下了一具大蟒蛇的尸骨，那两条小溪才渐渐消失。

那条倒霉的大蟒蛇残杀了水鹿，却引来了依靠集体力量取胜的食肉游蚁，致使自己葬身蚁群，并且碎尸万段。

在线小知识

劫蚁是生物里所向无敌的"霸王"。又名"游行蚁"或"食肉游蚁"，没有定居地，走到哪儿吃到哪儿。即使巨大的活蟒，一旦被围，在蚂蚁强大的轮番攻击之下，也只能剩下一副悲惨的骨架。

刺死大蛇的螳螂

猎人的疑惑

一天下午，有个猎人经过深山的溪谷，偶然听到崖上传来一阵"噼噼啪啪"的响声。他循着声音走过去，眼前的场面很奇怪：一条碗口般粗的大蛇正在地上上下翻腾，一会儿将头高高昂起，吐着信子，用力左右猛甩，一会儿蛇尾又一阵猛扫，两边的灌木丛都被折断。猎人很纳闷，它似乎正在与什么东西做殊死的拼斗，但前面却不见有任何敌手。大蛇渐渐显出痛苦之状，粗长的身子在崖上不断地扭动、挣扎，好像是被什么东西钳制住了要害却又无法摆脱。

螳螂杀死大蛇

猎人越靠越近。忽然，他看到在大蛇的头顶靠近眼睛的地方，有一只硕大的螳螂正用两把"刀"紧紧地攫住蛇首。原来，这条凶残大蛇的死敌，竟是这只翠绿色的小虫。

大蛇的眼睛已被螳螂的利刀剜破，蛇身在崖上乱滚。但螳螂仍岿然不动地盘踞在它的头顶，一把利刀已插进了蛇的头顶中去了。大蛇已筋疲力尽，最后终于丧失了挣扎的气力，抽搐了一阵后死了。

只见那只螳螂轻轻地从蛇尸上跳下，带着胜利者的满足，扬长而去，把在一旁的猎人看得目瞪口呆。

疑惑被揭晓

螳螂与大蛇相比，一小一大，力量相差悬殊，简直不可同日而语，那么，小螳螂何以能置大蛇于死地呢？

首先它有敢和大蛇较量的胆量，其次是它善于发挥自己的长处。它的两只前爪犹如两把大刀，是它克敌制胜的武器。再次是善于抓住对手的要害。如果螳螂只凭自己的武器与敌害蛮拼，那仍旧无法战胜大蛇。它的聪明之处，就在于能抓住大蛇的要害，任凭大蛇如何摆动扑腾，它都死死地刺住不放。总而言之，它是凭自己的胆略、聪明、智慧和坚忍不拔的毅力战胜了貌似强大的敌害。

在线小知识

螳螂源出希腊语，意为"占卜者"，因古希腊人相信螳螂具有超自然的力量。螳螂能静立不动或身体文雅地前后摆动，头上举，两前足外伸似在祈求，故引出许多神话和传说。

繁衍后代

　　在自然界，动物的生存繁衍和人类惊人的相似，不要以为它们没有语言，也不要认为它们没有感情，它们知道认亲，有互助精神，有心灵感应，甚至懂得生死相许……如果你知道了这一切，你还会瞧不起它们吗？

动物是怎样认亲的

气味是身份证

美国有一种蛤蟆卵孵化出的蝌蚪，似乎能通过气味识别素昧平生的兄弟姐妹，它们情愿与亲兄弟姐妹集群游泳，而不愿与无血缘关系的伙伴为伍。

科学家将一只蛤蟆同一次产的卵孵出的蝌蚪染成蓝色，另一只蛤蟆产的蝌蚪染成红色，一起放入水池中。开始它们混在一起，过不了多久，它们又自动分开，红色蝌蚪相聚在一处，蓝色蝌蚪相聚在另一处，泾渭分明。

科学家又做了一次实验，将蛤蟆同一次产下的卵孵出的蝌蚪一半染成红色，另一半染成蓝色，将它们放在一个水池中。这次它们并不按颜色分成两群，而是紧紧聚成一团。

蜜蜂是靠气味识别自己亲属的。蜂群里有专门的所谓"看门蜂"，由它控制进入蜂巢的蜜蜂。在一起出生的蜜蜂可以通行无阻，却阻止其他地方出生的蜜蜂入巢。

"看门蜂"的任务，是对进巢的蜜蜂进行审查，它们以自己的气味为标准，相同的放行，不同的拒之门外。

鸣声辨别亲属

崖燕大群地在一起孵卵，峭壁上会同时挤满几千只葫芦状的鸟巢。用不着担心它们会认错自己的子女，对它们来说，雏燕的叫声就是它们的识别标志。在常人听来，雏燕的叫声似乎是一样

的，没啥区别。但如果仔细分析，可发现其中仍有细微的差别。

实验证明，若向附近的空巢放送雏燕叫声的录音，老鸟每次都只向自己雏鸟的叫声飞去，并且也会发出鸣叫。雏鸟听到后，会叫得更加起劲。

在美国西南地区一些岩洞里，栖息着7000万只无尾蝙蝠。它们的居住地非常拥挤，因此生物学家们推测，母蝙蝠喂奶时，只是盲目地喂首先飞到自己身边的小蝙蝠，并非自己的亲生子女。但是实验证明，约有81%的母蝙蝠喂的正是自己的子女。

之后科学家又发现，母蝙蝠在喂奶前，先要发出呼唤的叫声，再根据小蝙蝠的回答，来判断是否是自己子女。它们还要进一步用鼻子嗅，在确认是自己的子女后才喂奶。

骗亲有其道理

杜鹃在繁衍后代的时候不垒巢、不孵卵、不育雏，这些工作会由其他鸟来替它完成。春夏之交是雌杜鹃产卵时期，它便选定

画眉、苇莺、云雀、鲤鸟等的巢穴，利用自己的形状、羽色和猛禽鹰鹞相似的特点，从高远处疾飞而来。巢内的其他鸟以为大敌鹞鹰来犯，便仓皇出逃，杜鹃乘机便将卵产在这些鸟的巢内。

由于长期自然选择的原因，杜鹃产的卵在大小、色泽、花纹方面和巢主产的卵相差甚微，因此不易被巢主发现。

杜鹃的卵在巢内最先破壳成雏。小杜鹃的背上有块敏感区域，有东西碰上便会本能地加以排挤，所以巢主的卵和破壳的雏鸟便被它推出巢外。

这样，小杜鹃可以独自占养父母采集来的食物了。小杜鹃慢慢长大了，老杜鹃一声呼唤，它便跟着远走高飞。

异类认亲

2002年，在肯尼亚山布鲁国家公园，一只完全成年的母狮接连收养了5只小非洲大羚羊，至今生物学家仍对这只母狮的行为

百思不得其解。

　　非洲羚羊通常会成为狮子口中的美餐，然而这只行为异常的母狮竟然成了它们的保护者，每当它收养一只小羚羊后就会承担起保护责任，睡在它身旁，保护它免受其他狮子的攻击。

　　由于这只母狮寸步不离地守护它的"孩子"以至于它不能猎食，由于缺乏营养，日渐消瘦。但是，一天夜里当它收养的一只羚羊自然死亡后它的自然本能显露出来，由于饥饿它吃掉了死去的那只羚羊。

　　一些野生动物专家试图对这只母狮的异常行为作出解释，或许这只母狮不能生育幼狮所以它的母亲情结使它扮起了母亲的角色。其他人认为这只母狮患有精神障碍。

一种生存适应

　　社会生物学家认为，同缘相亲是动物的一种本能，是一种生存适应。动物生存有一个目标，就是要传播自己的基因。

　　如果崖燕不能认亲，就可能把辛辛苦苦找来的食物给别的幼鸟吃，而让自己的孩子饿肚子。而新猴王要咬死老猴王的后代，那是因为这些小猴没有它的基因。

　　离奇的"认亲"现象，一只小河马在海啸中失去妈妈，成了孤儿。一只百年雄龟做了它的"继父"，从此形影不离。这个发生在肯尼亚动物保护区内的故事，让生物学家产生了浓厚兴趣。

在线小知识

生死相许的大雁

秀才好奇捕雁

山西省汾水的东岸，匆匆地行走着一位年轻的秀才，他叫元好问。元好问是从家乡秀容去太原的。家乡的景色让元好问触景生情，写下了著名的《摸鱼儿·雁丘词》：

千山暮雪，只影向谁去？

问世间、情是何物，直教生死相？

天南地北双飞客，老翅几回寒暑。

欢乐趣，离别苦，就中更有痴儿女。

君应有语：渺万里层云，千山暮雪，只影向谁去？

横汾路，寂寞当年箫鼓，荒烟依旧平楚。

招魂楚些何嗟及，山鬼暗啼风雨。

天也妒，未信与，莺儿燕子俱黄土。

千秋万古，为留待骚人，狂歌痛饮，来访雁丘处。

成功捕获雌雁

这一群大雁从遥远的北方飞来，经过了几千千米长途跋涉，正在芦苇丛

78

中捕鱼捉虾，以补充体力。

　　遭到这突然的袭击，便"呷呷"惊叫着，从水面飞掠而起，芦苇南端的大雁中，有两只却一头撞进了大网，脑袋卡在网眼里，越是挣扎，就越是被紧紧地纠缠着，再也无法挣脱。

　　猎人看到有了收获，哈哈大笑着走上前去拿到手的猎物。他放松网绳，伸手去抓一只雄雁。就在他把雄雁从网中拖出时，雁儿拼命一挣，双翅狠狠拍打着猎人的手背。

　　猎人一慌，一把没抓牢，竟眼睁睁望着它脱手而去，掌中只剩下几片雁毛。望着"扑扑"声飞到空中的雄雁，猎人又悔又恨，没等把另一只雁从网里拖出，便使劲地扭断了它的脖子，连网带雁一起掷到了地上。

雄雁以死相随

　　元好问看到一场捕猎已经结束，正想重新出发，突然听到头顶上传来一阵凄惨的雁叫声。抬头一看，刚才从芦苇里飞上天的

一群大雁已经排成人字队形，继续朝南飞去。只有逃脱了猎人手掌的那只雄雁，还在头顶上盘旋。

这只雄雁飞了一圈又一圈，不断长声哀鸣，似乎想召唤地上那只颈断骨折的雌雁，重新跟它翱翔长空，比翼齐飞。

突然，天空中又传来一声惨叫，"呼呼"一阵响声过后，那只孤雁突然收拢双翅，头朝下箭一般地倒栽下来，"啪"的一声，如同一块石头落地，撞在大网附近一块巨石上，脑碎翅折，摔成一摊血肉。

元好问"啊"地惊叫了一声，三步并作两步跑上前去，呆呆地站在两只大雁身边，一时间说不出话来。

那位捕雁汉子也愣住了，目瞪口呆地站着，不断喃喃自语："咦！何苦来！何苦！"

秀才感慨万千

听着捕雁人内心的自语，元好问不禁心潮翻腾。这只不惜以身殉情的雁儿，曾与它的情侣遭受过多少风雨的磨难，享受过多少双飞双宿的欢乐。

它们正像人间几多痴情男女，宁愿粉身碎骨，也不肯在别离的苦痛中受煎熬，不肯形单影只，寂寞终身。它们的感情何等深厚，它们的精神又何等高尚啊！这位年轻秀才，不禁热泪盈眶，觉得眼前的一切都模糊起来。

在线小知识

大雁又称野鹅，属国家二级保护动物。大雁能给同伴鼓舞，用叫声鼓励飞行的同伴。大雁群居水边，夜宿时，有雁专司警戒，遇到袭击，就鸣叫报警。大雁的飞行路线是笔直的。

动物为何雌雄互变

雌雄同体现象

男变女、女变男，平常对人类来说是不可能的，即使是在高科技的今天，在医学手术的帮助下，变性也是一件不容易的事。但在生物界中，却是一种司空见惯的现象。

大多数动物和人类一样，有着不同的性别。一出生性别就已经确定。然而，有些动物却不是这种情况，它们的性别可以改变，它们生命的前一部分是一种性别，之后，变成另一种性别，科学家称这种现象为序列性雌雄同体。

低等生物的性逆转

人类对这种性逆转现象的研究，首先是从低等生物——细菌开始的。在人的大肠里寄生着一种杆状细菌，被称为大肠杆菌。在电子显微镜下可以发现，大肠杆菌有雌雄之分，雌的呈圆形，雄的则两头尖尖。令人惊奇的是每当雌雄互相接触时，都会发生奇异的性逆转，即雄的变为雌的，雌的则变为雄的。

后来经科学家研究，发现雌雄互变的媒介在于一种叫性决定素的东西，当雌雄接触时，

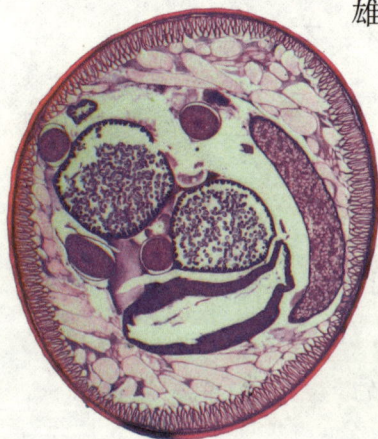

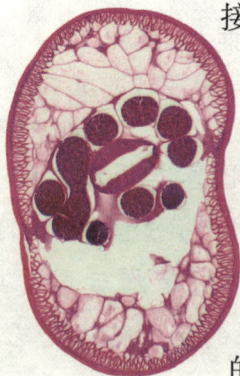

就将彼此的性决定素互赠给对方，从而改变了彼此的性别。

高等生物的性逆转

科学家们发现，在比细菌高等的生物体上，也存在性逆转现象。有人认为这些生物的原始生殖组织，同时具有两种性别发展的因素，当受到一定条件刺激，就能向相应的性别变化。

沙蚕是一种生长在沿海泥沙中的动物。当把两只雌沙蚕放在一起时，其中的一只就会变为雄性。但是，如果将它们分别放在两个玻璃瓶中，让它们彼此看不见摸不着，则它们都不变。

还有一种一夫多妻的红鲷鱼，也具有变性特征。当一个群体中的首领——唯一的那条雄鱼死掉或被人捉走后，在剩下的雌鱼中，身体强壮者，体色会变得艳丽起来，鳍变得又长又大，卵巢萎缩，精囊膨大，最终成为一条雄鱼而取代原来雄性的职位。

但是如果把一群雌红鲷鱼与雄红鲷鱼，分别养在两个玻璃缸中，只要它们互相能看到，雌鱼群中就不能变出雄鱼来。但如果使它们互相看不见，雌鱼群中很快就变出一条雄鱼。再有，海边岩礁上常见的软体动物——牡蛎，也是一种雌雄性别不定的动

物。有一种牡蛎，产卵后变为雄性，当雄性性状衰退后又变为雌性，一年之中可有两次性转变。

由雌性向雄性的转变

只要在雄性动物之间存在择偶竞争，通常就是只有个体最大和最强壮的雄性才占有最大的生殖优势，而小者或弱者为了回避和强大对手的直接竞争往往采取偷袭交配的对策。但是，它们有一个更令人吃惊的对策就是改变性别，借助性别转化来改变自己的不利处境，以获得生殖上的较大成功。

雌性变雄性往往是当动物还没有充分长大时，它先作为一个雌性个体参与繁殖。当它一旦长大到足以赢得竞争优势的时候便转变为雄性，开始以雄性个体参与繁殖。

性别发生转变往往比终生保持一种性别能在生殖上获得更大的好处，因为对改变性别的个体来说，它无论是在小而弱时，还是在大而强时，都能得到生殖的机会。就其一生的生

殖来说，改变性别的个体也比不改变性别的个体更为成功。

在大西洋西部的珊瑚礁上生活着一种蓝头锦鱼，雌鱼体色单调，只选择最大、最鲜艳的雄鱼与其婚配。因此，珊瑚礁上最大的雄鱼在生殖季节高峰期，一天便可与雌鱼婚配40多次。

虽然个体最大的雄性蓝头锦鱼总是在生殖上占有最大优势，可是当鱼体还小时，却总是表现为雌性，并进入生殖期开始产卵。一旦鱼体长到足够大时，便由雌鱼转变为雄鱼，开始执行雄性功能。

蓝头锦鱼的性别转变是受社会环境控制的，如果把珊瑚礁上最大的一条雄鱼移走，次大的一条雌鱼就会改变性别，转变为色彩鲜艳的雄鱼。

由雄性向雌性的转变

双锯鱼生活在印度洋的珊瑚礁上，与海葵密切地共生在一起。由于海葵的大小通常只能容纳两条双锯鱼生活在一起，这种空间上的限制便迫使双锯鱼只能实行一雄一雌的配偶制。

此外，一对双锯鱼在生殖上的成功主要决定于雌鱼的产卵量，而不决定于雄鱼的精子生产量。因此，只有当最大的个体是雌鱼时才对两性最为有利。在这种情况下，最好的对策便是双锯鱼在小个体时表现为雄性，待长大后再转变为雌性。

据研究，双锯鱼的这种性别转变也是受环境控制的：如果把雌鱼拿走，失去配偶的雄鱼便会与一个比它更小的雄鱼相结合，而自己则改变性别，转变为雌性并开始产卵。就这样，通过性别转变，一个新的家庭就建立起来了。

对动物变形的研究

有人对鱼类的变性之谜进行了研究，认为鱼类改变性别的目的，主要是为了最大限度地繁殖后代和使个体获得异性刺激。

美国犹他大学海洋生物学家迈克尔认为，在一种雌鱼群或一种雄鱼群中，其中个头较大者，几乎垄断了与所有异性交配的机会。当雌鱼较小的时候，能保证有交配的机会，待到长大时，就变成雄性，便又有了更多的繁育机会。与性别不变的同类相比，它们的交配繁育机会就相对增加了。

同样，在从雄性变为雌性的鱼类中，雌鱼的个体常大于雄体。雄鱼虽小，但成年的小雄鱼所带有的几百万精子，足够使大的雌鱼所带的卵全部受精。另外这些雌鱼与成熟的无论个体大小

的雄鱼都能交配。

　　因此，它们小一点的时候是雄鱼，长大以后变雌鱼，便得到双重交配的机会，与那些从不变性的鱼类相比，又多产生一倍的受精卵，这对繁殖后代大有益处。

　　性别转变现象可以说是行为生态学中最有趣、最奇异的现象之一。在动物界里频频发生的性变现象，至今仍没有一个令人满意的、科学的解释，还需要人类进一步的研究、探索。

　　我们常见的黄鳝在青春年好时节，十有八九为雌性，产卵之后转为雄性；生活在美国佛罗里达州和巴西沿海的蓝条石斑鱼，每当黄昏之际，雄性和雌性的蓝条石斑鱼便开始交配。

分娩的雄海马

海马的外形

我国沿海中生活着一种有趣的鱼，外形简直不像鱼。头部有点像马，因此叫它海马；它又有点像传说中的龙，也叫龙落子。

海马一般体长0.1米左右，全身无鳞，体表被骨板包围着，形成一个坚硬的甲胄，使躯体没法弯曲。躯干呈六棱形，尾部呈四棱形，尾巴细长，末端却能自由活动。

海马的头同躯干相连，中间有一个较细的颈、头前端伸出一个长吻头管，头顶还有突起的头冠。头的每侧有2个鼻孔，胸腹部凸出，鳃孔呈裂缝状，没有腹鳍和尾鳍。

海马的眼睛，可以向上下、左右或前后转动。有时候，一只眼向前看，另一只眼向后看，除了蜻蜓和变色龙之外，这是其他动物所不能做到的。

雄性海马腹面有一个育儿囊，卵产于其内进行孵化，一年可繁殖2～3代。

海马的分类

海马大多生活在温热带海洋中，我国有冠海马、日本海马、琉球海马、刺海马、大海马、斑海马、管海马和澳洲海马等，其中以日本海马分布最广，我国沿海都产。冠海马产在渤海和黄海北部，各种海马分布在东海和黄海。

海马的本领

海马全身长着那突起的和丝状的物质，在海水中轻轻地漂荡着。乍一看，活像一丛水生的藻类。

海马游泳时，头朝上直立在海水中，背鳍像一面锦羽，不断做波浪式摇动，直立游泳时既可维持平衡，又可慢慢前游。

海马的一条长尾巴，是由许多环节组成的，从臀部到尾尖，由粗变细，能伸屈自如，可以弹跳，还有钩缠的本领。当海浪汹涌的时候，它就用尾巴钩住水草，防止漂流到远方去。

雄海马受孕

海马繁殖第二代的方法十分有趣。雄海马在第一次性成熟前，尾部腹面两侧长起两条纵的皮褶，随着皮褶的生长逐渐愈合成一个透明的囊状物——孵卵囊，这是一种奇怪的育儿袋。

每年春夏相交的时候，雌雄海马在水中相互追逐，寻找情侣，到达高潮之际，雌雄海马的尾部相缠在一起，腹部相对。

雌海马细心地把卵子排到了雄海马的育儿袋里，雄海马就担当起妈妈的角色，负起抚育孩子的责任。它给卵受了精，袋子就自动闭合起来。袋的内皮层有很多枝状的血管，同胚胎血管网相连，供胚胎发育时需要的氧气，保证卵在里面很好地孵化发育。

雄海马分娩

胎儿在里面经过20天左右的孕期，发育成熟，雄海马就要分娩。这时候，雄海马已经疲惫不堪，它那蜷曲的尾巴，无力地缠绕在海藻上，依靠肌肉的收缩，不停地做伸屈摇摆动作，每向后仰一次，育儿囊的门大开，将小海马一尾接一尾地弹出体外。

海马的繁殖力很强，一年产卵10次至20次，每次孵出30尾至500尾小海马。小海马成长得很快，刚出生时只有0.01米长，一个月后就长大到0.06米，3个月可达0.1米多，5个月后就成为合格的商品药材了。

在线小知识

海马因头部酷似马头而得名，尾巴像猴，眼睛像变色龙，还有一个鼻子，身体像有棱有角的木雕，其一般体长0.1米左右。海马除了主要用于制造各种合成药品外，还可以直接服用，健体治病。

动物为什么要杀婴

动物杀婴发生频繁

从几十年野外工作取得的资料表明，野生动物中杀婴现象经常发生。动物杀婴的死亡率，比人类中的谋杀和战争造成的死亡率还高。

因此，当近10年来有关动物杀婴的报告开始频繁地出现时，许多科学家都感到困惑。围绕动物杀婴的原因，动物学家、人类学家、社会生物学家展开了激烈的争论。

猩猩为何虐待小崽

猩猩力大无穷，可以说，在动物世界里，大猩猩是人类的近亲。凡是生活在动物园里的大猩猩，人们都让它们成双成对，以

便繁衍后代。可大猩猩却很不配合。

在北京动物园里，有一次，一只雌猩猩生了一只小崽，开始时它对小崽还算爱护。可是一周之后，它不但不给孩子喂奶，还经常耍弄小崽，时不时把小崽举起来使劲摇，吓得小崽"嗷嗷"直叫。没过多长时间，小崽就被折磨得骨瘦如柴。管理人员只好把它们隔离开，对小崽进行人工饲养。

科学家的猜测

大猩猩为什么要如此虐待它的孩子呢？难道是因为小崽妨碍了它的活动吗？还是因为雌猩猩缺乏某种营养而疲劳过度，力不从心所致？或者是因为生的是第一胎而不会抚养小崽？

这其中的奥秘，还有待于科学家进一步探索和研究。

对动物杀婴的分析

以美国伯克利大学的人类学家多希诺为代表的一些学者认为，杀婴是由环境拥挤造成的一种压迫效应。

野外条件下，一些较高等的社群动物如猩猩、狒狒和猴子

中，在发生种内冲突时，也常杀戮幼体。当种群密度升高，食物供应不足时，淘汰幼体是为了减少对食物的竞争：如黑猩猩会咬死并吃掉非亲生的幼体，姬鼠会咬死企图吃奶的病弱幼体，黑鹰会啄死第二只孵出的雏鸟等等。

多希诺还指出，动物在受到惊扰威胁或嗅到特殊气味时，它们也会杀婴的：如母兔在刚产下幼兔时，受到外界惊扰就会吃掉幼兔。

另外一种观点认为，杀婴是一种结偶生殖的需要。持这种观点的日本京都大学的动物学家杉山、美国生物人类学家联合会的一些科学家、卡里索克研究中心的迪安·福西等，他们提出了一种生殖优性假说。

杉山曾长期研究长尾叶猴的野外生活。杉山发现，在一个由1只至3只成年雄猴为头领、带领25只至30只个体猴群中，年轻雄

猴在登上首领宝座，接管一个种群时，会杀死几乎所有未断奶的幼猴。

他们认为，接管种群的新雄体杀死未断奶的幼猴，是为了更快地得到自己的子孙。因为一般哺乳动物在授乳期不发情，杀死幼猴可促使母猴早发情，从而早生育新头领的子孙后代。

因此，这种表面看来有害的破坏行为，除了使新头领得到利益外，对整个种群可能仍是一种生殖上的进步。就是被杀婴的母兽，也往往能从自己子孙后代的死亡中受益。当被屠杀幼仔的场面惊扰后不久，通常母兽就与杀婴凶手结偶。这些地位较低的雌体，会通过与新头领结偶而获得较高的地位，得到较好的食物和较多的保护。它的后代会受到保护而不致被杀。

还有一种观点认为，动物的嗅觉灵敏性远远胜过人类，而嗅觉辨认是母子相认的关键因素。有实验证明，非亲生的幼兽由于身上的气味与母兽气味不相投，不仅得不到母兽照顾，反而会遭到攻击。

但若用母兽的尿涂抹在非亲生甚至不同种的幼仔身上，母兽则会把它们当做自己亲生孩子般地照料，因为其身上的特殊气味与母兽气味相投了。

实际上，动物园早就常用这种小法让哺乳期的雌狗给刚生下的小老虎和小狮子喂奶。相反，如果母兽自己的亲生孩子身上带

有特殊气味，这气味与母兽气味不相投，则会导致母兽不认自己亲生孩子的现象。例如某些啮齿类的幼鼠如果被人用手摸过，母鼠不久就会将带有异味的幼鼠咬死，甚至吃掉。可见，特殊的气味是动物母子联系的纽带，"气味不相投"是导致动物杀婴现象的原因之一。

事实上，动物借助于气味联系形成的纽带对于动物个体生存与种族繁衍具有积极的意义。

一方面，幼仔可以通过这种气味信息与自己的亲代相互辨认，并得到亲代的保护与喂养，获得生存机会；另一方面，它可以使幼兽形成早期印象，甚至在成年之后还会根据这种早期印象寻找自己的同种配偶，以便防止种间杂交。动物正因具备这一系列本能才有可能在复杂的生存竞争中被自然选择保留下来。因此"嗅味不相投"导致动物杀婴现象，就不足为奇了。

科学不断进步

但以上假说也许证据不足，因为有些动物如兔、绒鼠、袋鼠、黄麂等产后即会发情；而对于雌体杀婴以及鸟类、鱼类中的杀婴，很多原因也都无法解释。因此以上假说都有明显的局限性，动物杀婴的原因究竟何在，还是个待揭之谜。希望科学的进步能早日解开这个谜。

在线小知识

研究表明，动物嗅觉灵敏性胜过人类，而嗅觉辨认对于许多动物来说，是母子相认的关键因素。实验证明，非亲生的幼兽由于身上的气味与母兽气味不相投，得不到母兽照顾，还会遭到攻击。

动物躯体再生之谜

动物躯体再生的含义

适者生存，不适者被淘汰，这就是生物的进化规律。在这无情的大自然激烈的竞争中，生物具有了各种各样的本领。其中有一部分生物为了保全生命，暂且舍弃身体中的某一部分。

不过，舍弃的那一部分还会重新长起来的。我们把这种现象称之为动物躯体的再生。

章鱼遇险自救的方法

章鱼也有自断其腕的本领。平时章鱼的腕手是很结实的，当

某只腕手被人抓住时，这只腕手肌肉会痉挛地回缩，像被刀切一样地断落下来。掉下来的腕手不断蠕动，还会用吸盘吸在某种物体上，当然这只是障目法。

章鱼断肢一般是在整个腕手的4/5处，它的腕手断掉后，血管极力收缩，自身闭合，避免伤口处流血。自行断肢6小时后，血管开始流通，血液渐渐流过受伤的组织，结实的凝血块将尚未愈合的腕手皮肤伤口盖好。第二天伤口完全愈合后，开始长出新的腕手，一个半月后，即可长到原长的1/3。

海星的再生能力

长得像一个五角星，进餐时，海星先将贝类包住，然后从口中翻出胃来，再从胃里分泌出一种液体，使贝类麻醉而张开贝壳，最后，就可吃掉贝类的肉。因此，养殖贝类的渔民们往往想

方设法消灭海星。

起初，他们以为只要把海星撕碎就可以消灭它，没想到海星繁殖得更多了。这到底是怎么回事呢？

原来，海星的再生功能很强。因为它的行动又笨

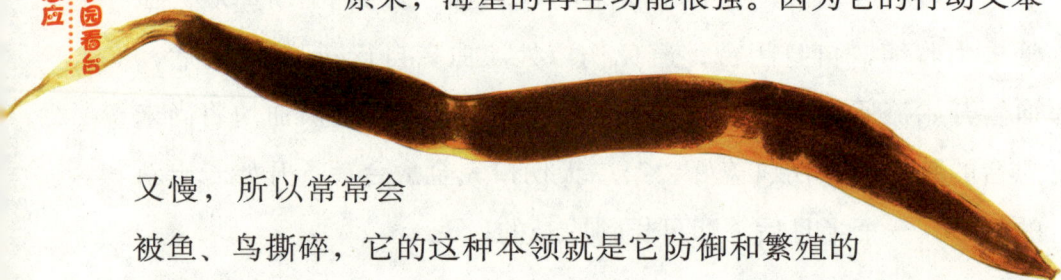

又慢，所以常常会被鱼、鸟撕碎，它的这种本领就是它防御和繁殖的手段。再生能力如此强，以致只要还有一个腕，过了几天就能再生出 4 个小腕和一个小口，再过一个月时间，旧腕脱落，又再生一个小腕，于是，一个五腕的海星得以重现。

各种动物的再生本领

壁虎在处于险境时，可以折断尾巴，让扭动的尾巴迷惑敌人，自己则逃进洞穴，过后，一条新的尾巴又会从折断的地方长出来。

章鱼也有类似的本领，章鱼的腕手是很结实的，当某只腕手被人捉住时，这只腕手就会像刀切一样自动脱落，腕手断掉后，血管极力收缩，自动闭合伤口。自行断肢6小时后，血液开始流通，第二天伤口完全愈合，开始生长出新腕手。

兔子也有它独特的再生本领，当狐狸咬住兔子肋部时，它却会弃皮而逃。兔子的皮跟羊皮纸一样薄，被扯掉皮的地方一点儿血也没有，并且伤口处会很快长出新的皮毛。

还有样子像小松鼠的山鼠，一旦被猛兽咬住尾巴，毛茸茸的

皮很易脱落，秃着尾巴逃跑。黄鼠、金花鼠也有这样的绝技，并且又都具有再生的本领。

海参遇险时，它可以倾肠倒肚，把内脏抛给"敌人"，留下躯壳逃生，过不了多久，它又再造出一副内脏。

海绵是动物界的再生之王，是最原始的多细胞动物，它的再生本领是无与伦比的。若把海绵切成许许多多的碎块，抛入海中，非但不能结束它们的生命，相反它们中的每一块都能独立生活，并逐渐长大形成一个新海绵。即使把海绵捣得稀烂，在良好的条件下，只需几天的时间也能重新组成小海绵个体。

对动物再生力的研究

研究动物的再生能力，无疑对探讨人的肢体再生途径有很大的启发。美国的贝克尔在研究中发现：蝾螈被截断的肢体在未复原时，会产生一种生物电势，这种电势逐渐增强，仿佛由于电流

输送了一个信息，而使残肢末端的细胞分裂，形成新的组织，最后长成新的肢体。

而不能再生失去肢体的青蛙，就不能产生这种电流。

贝克尔还把老鼠前腿的下部切断，并让电流从此通过。实验的结果是失去的肢体开始复原了。

有研究显示，通过分化产生的间质细胞的分化潜能是有限的，大多只能重新分化为原来类型的细胞。

例如，肌细胞去分化后产生的间质细胞能再分化为肌细胞而不能分化为软骨或表皮，软骨细胞去分化后可再生为软骨细胞而产生肌细胞，血管内皮细胞去分化后产生的间质细胞只能再分化为血管内皮软骨细胞，皮肤细胞去分化后可分化为软骨细胞但不能分化为肌细胞等。

蝾螈肢体截肢后再生过程中最奇妙的现象是，再生只重新长出被截除的所有区域，而不会长出未被截除的区域。

例如，从臂区截肢，则会依次再生出截口以远的肢体部分；如果从腕区截肢，则再生出掌指区。

显然，肢体沿着自身轴线存在着特殊的位置信息，这种位置信息可以被肢体自身所识别。

研究发现，并非所有类型的细胞都承载了位置信息，如软骨

细胞含有位置信息，而神经髓鞘细胞不含位置信息。

但这一理论只是生物躯体再生的一个小小的方面，并不能适应所有的有再生能力的动物。所以说我们并没有完全揭开动物再生之谜。

在线小知识

在动物世界中，鹿是唯一能再生完整的身体零部件的哺乳动物。螃蟹也有再生能力，螃蟹在双方交锋时，只要对方略加反抗它就生怕丧命，赶快弃足而逃。它的眼睛断了，还能再长出眼睛来。

动物之间的互助精神

帮助对方剔牙的猩猩

我们经常可以看到，各种动物为了自己的生存，与不同类甚至同类动物，展开你死我活的斗争。然而，在少数动物间也有互助互爱，乃至舍己救人的行为。

在一个动物园里，美国斯坦福大学的生物学家们发现，一只名叫贝尔的雄性黑猩猩，常常从地上拣起一根根小树枝，并认真地摘掉枝上的叶子，站在或跪在其他雄性黑猩猩身边，一只手扶着它的头，另一只手拿着光秃秃的小树枝，伸到那雄性黑猩猩的嘴里，剔去它牙缝中的积垢。原来它是用小树枝做牙签，给别的雄性黑猩猩剔牙呢！

有时，贝尔还直接用手指给雄性黑猩猩剔牙。科学家们观察

了6个月，发现几乎每一天，贝尔都会给别的猩猩剔一次牙，每次3分钟至15分钟。

共享食物的白尾鹫

生活在草原上的白尾鹫，互敬互爱的行为更是让人敬佩。这种专门以野马等动物尸体为食的鸟类，在发现食物之后，会发出尖锐的叫声，把自己的同伙招来共享。

吃的时候总是先照顾长者，让年老体弱的鹫先吃饱，其他鹫才开始吃。家里还有幼鹫的母鹫，回家之后，还会把吃下去的肉吐出来喂幼鹫。

联合对敌的狒狒

非洲坦桑尼亚的坦噶尼喀地区是狒狒的栖身之地。狒狒晚上宿在树林里，临睡之前，它们总要看看周围是否有狮子、巨蟒等天敌。

据美国科学家实地考察，狒狒群通常到有水源的地方去饮水，而狡猾的狮子和巨蟒，常常在水源处等候着它们的到来。因此，每一次饮水，都是狒狒群的一次计划周密的集体战斗。

它们出发之前，总是由最强壮有力的狒狒在前面开路，中间是雌性、幼年狒狒，后面是一些成年雄狒狒。

一旦遇上潜伏的狮子或巨蟒，打先锋的狒狒便与来犯者进行勇敢的搏斗，其余的狒狒从地面抓些石块迅速上树，一齐大声吼叫助威，并向敌害猛烈投掷石块和果实。在这种情况下，狮子或巨蟒往往是心虚胆怯，狼狈而逃。

除了自己团结对敌以外，还能与周围其他受威胁的动物结成

统一战线，一起防范凶暴的敌人。狒狒最可靠的盟友是羚羊和斑马，因为它们共同的敌人是狮子。

异类动物互助现象

不仅同类动物之间互帮互助，而在不同类动物间也有这种行为。在西南非洲，有一只小羚羊和一头野牛结伴而行。羚羊在前走，野牛在后面跟着；每走几步，野牛便哀叫一声，小羚羊也回过头来叫一声，似乎在应答野牛的呼唤。

假如小羚羊走得太快了，野牛就高喊一声，小羚羊马上原地立定，等那野牛跟上后再走。这是怎么回事呢？原来野牛害了眼病，红肿得厉害，已经无法单独行动，小羚羊是在为它带路。

河马见义勇为的精神，曾经使一位动物学家感叹不已。事情是这样的：在一个炎热的下午，一群羚羊到河边饮水。突然一只羚羊被凶残的鳄鱼咬住了，羚羊拼命抗拒可也无法逃命。

这时，只见一只正在水里闭目养神的河马，向鳄鱼猛扑过去。鳄鱼见对方来势凶猛，只好放开即将到口的猎物逃之夭夭。河马接着用鼻子把受伤的羚羊向岸边推去，并且用自己的舌头舔羚羊的伤口。

动物互相帮助之因

有关动物互帮互助的例子不胜枚举，科学家们已经肯定动物之间有互助精神。

那么动物为什么会有互助精神呢？有的科学家认为，动物的这种行为是自然选择的结果。因为在求生存的斗争中，一种动物间如果没有互助精神，就很难生存与发展。

有的科学家认为，近亲多半有着同样的基因，同一种群动物的基因较为接近，因此会有互助精神对于动物为什么会有互助精神这一问题，科学家们各执己见，始终没有一个完美的答案。

一种小丑鱼与海葵之间具有戏剧性而又危险的共生关系。正常情形下，海葵触手上的刺细胞，只要轻微的碰触，就会射出毒液而使靠近的小鱼麻痹。可是小丑鱼却能在海葵的触手缝中来去自如。

动物也有语言

同地异类互相交流

每一种飞鸟几乎都有自己独特的语言，而且互不相通。

有这么一个故事，在某个动物园中，一只野鸭闯入了红鸭的窝中，把老红鸭赶走，自己帮助红鸭孵出了一窝小鸭。可是这些小红鸭根本听不懂野鸭的语言，不听从它的指挥。小鸭们乱成一团，野鸭也毫无办法。后来来了只大红鸭，它只讲了几句土话，小红鸭就乖乖地听它的话了。

异地同类无法沟通

不仅不同种动物之间语言不通，而且同种动物之间也有方言。美国宾夕法尼亚大学的佛林格斯教授，研究了乌鸦的语言，而且将它们的语言用录音机录制下来。当成群的乌鸦从天上飞过时，佛林格斯教授在地上播放他先前录制的乌鸦的"集合令"，这时乌鸦群就乖乖地降落在地上。当他将乌鸦的"集合令"录音带，带到另一个国家去播放时，就不灵了。

佛林格斯教授发现，居住的国家和地区的不同，乌鸦的语言也不

108

一样。法国乌鸦对美国乌鸦讲话录音就一窍不通，甚至于对它们的呼叫也毫无反应。

行为语言交流

动物还会运用各种不同的行为来表达它们的意思，这也是一种无声的语言。例如长颈鹿在发生危险时，会用猛烈的惊跑来向同伴传达警报；野猪在平时总是把尾巴转来转去，但一旦觉察到有危险时，就会扬起尾巴，在尾尖上打个小卷给同伴报警；蜜蜂在发现蜜源以后，就会用特别的"舞蹈"方式，向同伴通报蜜源的远近和方向。

有一种小蟹，雄的只有一只大螯，它们在寻求配偶时，便高举这只大螯，频频挥动，一旦发觉雌蟹走来，就更加起劲地挥舞大螯，直至雌蟹伴随着一同回穴。有一种鹿是靠尾巴报信的。平安无事时，它的尾巴就垂下不动；尾巴半抬起来，表示正处于警戒状态；如果发现有危险，尾巴便完全竖直。

在线小知识

在同种动物中，它们使用语言来寻求配偶，报告敌情。春天，是猫的发情期，一到晚上，猫就会山去寻找配偶，人们常听见猫拖长了声调的叫声，这是在吸引异性。

揭秘动物的心灵感应

对小狗旅程的研究

动物和人一样，也具有超常感本能，它们也能够预感危险，这就是它们的心灵感应。

1923年8月，在美国俄勒冈州，布雷诺带着两岁的小狗博比去印第安纳州的一个小镇度假时，博比不幸走失了。

结果6个月后，博比历尽千难万险，历经3000千米路程，终于从印第安纳州回到了俄勒冈州的家。

之后，俄勒冈州的"保护动物协会"主席，返回到博比走失的原地点。

沿途访问了许多见过、喂过、收留它住宿、甚至曾经捉过它的人，最后证实了这一切确实可信。

与此同时，科学家却想到一个问题，博比并没有沿着它的主人往返的路线走，而它走的路与主人走过的路相距非常的远。

博比所走过的3000千米路程，是它根本不熟悉的道路。那它是怎么找到回家路的？

什么是动物超常感

研究结果使人们相信，这条小狗之所以能回家，是靠着一种特殊的能力和感觉找路的，这种本领与已知的犬类感觉完全不同。有人认为动物这种神秘的感觉和能力，是一种人类尚未了解的超感知觉，或者称之为超常感。

超常感指的是有些动物能够以超自然的感觉感知周围的环境，或者与某人、某事，或与其他动物之间心灵相沟通。然而，这种沟通似乎是通过我们人类并不知道，又无法解释的某些渠道进行的。

动物超常感的反应

多少年来，在世界各国都发现了很多动物的超常感行为。例如，它们有的会跑到从来没去过的地方找到主人；有的似乎还能预感到自己主人的不幸和死亡；有的能预感到即将来临的危险和自然灾害。如地震、雪崩、旋风、洪水以及火山爆发等。

2004年大海啸发生时，泰国一个村庄的居民称，村里的一群水牛正在海岸边觅食，它们突然抬起头、瞪着海面，随后牛群转身向山上狂奔而去，牧民也尾随牛群上山，因此侥幸逃过一劫。

动物禁圈是怎么回事

动物的禁圈的含义

什么是禁圈呢？但凡看过《西游记》的人都知道，孙悟空用金箍棒画禁圈的故事，妖魔鬼怪无法进入圈里，唐僧等坐在圈里安然无恙。

在动物中出现的这种现象，就叫动物的禁圈。

各种动物的禁圈

我国东北大兴安岭深处林海中，有一种貂熊，体形没有熊那样大，头部像貂。它不是直接攻击或迂回偷袭，而是用自己的尿在地上洒一个大圆圈，被圈进来的小动物，像中了魔法一样，不敢越出圈外。

貂熊就不慌不忙地把这些小动物一个个吃掉。一条一米多长的蛇，沿着葡萄藤滑行而下。突然，蹿出一只黄鼠狼，绕蛇一圈，然后走了。

112

这条蛇立刻停止滑行，一动不动地吐舌头。过一会儿，来了5只黄鼠狼，各叼一段蛇肉扬长而去。水田中，有一只田螺绕螃蟹"画"了一圈，这只螃蟹再也动弹不得。几天后，螃蟹死亡、腐烂，成了田螺的美食。

到春天繁殖期，雄棘鱼就离群，"圈"占一块地方筑巢，欢迎雌棘鱼来圈内安家。而对游近的其他雄棘鱼，则立刻冲上去在圈占的边界上决斗，要"御敌于国门之外"。

动物的禁圈之谜

动物的怪圈生动有趣，但其中的奥秘却令人不解。不过从大量的事实可以看出，画圈并不是动物对空间本身的欲望，而是根据生活需要产生的一种本能。

它们或是像貂熊一样，通过画圈取得食物，并保证摄食的安定性；或是像雄棘鱼一样，通过圈占领地招来异性，进而生儿育女，繁殖后代。

动物为何能有这种本能，这一谜团的答案将具有深刻的生态学研究价值，因此也促使科学家们为之不懈地努力。

在线小知识

有人认为貂熊生性凶猛，在自然界几乎没有天敌。小动物一旦被它逮住就无法逃脱，猛兽也对它让着几分。所以，这些动物们一闻到貂熊尿液的气味，或者束手就擒，或者无奈避开。

密码破译

　　丰富多彩的动物世界隐藏着许多人类所不知道的秘密，了解动物的生活，倾听它们的心声，与它们和谐相处，并不断地认识它们，研究它们，是破译动物密码的主要途径。

动物预感之谜

海啸中奇迹生还的动物们

2004年12月26日圣诞节翌日，一场史无前例的海啸席卷印度洋沿岸各国，数十万生命瞬间被吞噬，昔日的椰风海韵顿时成为人间炼狱，遇难者的尸体布满海滩。

为了统计在海啸中印度洋沿岸的野生动物损失情况，一些动物观察家来到了斯里兰卡。让他们吃惊的是在这个地区面积约1000平方千米的动物自然保护区里，横七竖八躺在泥泞当中的都是人的尸体，而没有一具动物的尸体。

不仅如此，早在海啸发生的前两天，一些深海鱼类也出现了集体大逃亡的现象。据马来西亚库洼拉姆达海啸灾区的渔民报告说，当时有很多的海豚游到离海滩非常近的地方，而且纷纷跃出海面摆动尾巴。在海啸发生的前三天，当地渔民捕获到鱼的总量是以前的20倍，这可是一个相当惊人的数字。可正当人们为这难得的"丰收"庆祝时，海啸就来临了。

一个美联社的记者在海啸发生时，正好乘坐直升机飞在斯里兰卡一个小岛的上空采访。据他后来回忆说："当时无数只蝙蝠在岛上的岩洞里栖

息，它们白天进洞睡觉，夜晚才出来活动。但是海啸发生的那天早晨，蝙蝠全从岩洞里飞了出来。"

动物的异常表现

据史料记载，1971年地震前夕，人们在圣·弗兰西斯科的都市大街上曾经看到过从街区逃来大群大群的老鼠。不仅是老鼠，其他动物似乎也具有这种神奇的本领。

1853年查乐斯·达尔维乘"比格利号"船在南美洲海岸航行时，突然发现海鸟大群大群地升空，匆匆往大陆纵深处逃离，正当他为这罕见的景观惊叹时，历史上著名的智利地震发生了。

1969年，有一天，塔什干地区动物园里的老虎、狮子前所未有地坚决拒绝进入兽舍，放弃了舒适的床铺的兽中之王们，宁愿待在露天土地上过夜，这让在场所有的饲养员们大惑不解，几天后塔什干发生地震，结果这些动物们因为睡在露天土地上，在灾难来临之际幸免于难。

1975年2月，在我国辽宁省海城发生了一次7.4级的大地震，在这个地震发生之前，就有人观察到，其中有一些动物出现了反常现象。

那可是隆冬季节，原本冬眠的蛇却突然都醒了，总共有上百条的蛇在路上到处爬，有的爬到了屋里面，还有的甚至都爬到井里去了。

河北省唐山市殷各庄公社大安各庄李孝生养了只狼狗，那一夜死活不让他睡觉，狗叫不起他，便在他的腿上猛咬了一口，这下可够狠的，疼得李孝生当时就蹦起来了，提上鞋就去打狗，边跑边琢磨，这狗今儿是怎么啦？李孝生犹豫了一下，可就这么会儿工夫，四周突然摇晃起来，震惊世界的唐山大地震爆发了。

丹麦的一个女主人领着自己心爱的猎犬出门散步，走了没有多久，爱犬竟然死也不肯再向前一步，主人怎么劝说都没有用，只好悻悻而归，一路还在奇怪自己的宝贝怎么会变成这样。可没想到等他们到家后一个小时，天空开始出现电闪雷鸣，过了3个小时，狂风暴雨骤然而降，这令女主人震惊不已，望着爱犬说不出话来。

科学家的不同观点

有人认为这只是一种巧合。这些动物行为之所以被称为异常，是因为在某地某时比较罕见。但是一旦把观察范围扩大到整个城市辖区内，把时间范围扩大到一两个月，针对的又是多达上百种动物的无数个体，那么异常行为就变得常见了。如果没有地震发生，这些异常行为不会有人长久记得；但是在地震发生之后再回头去回忆，就总能发现动物异常行为的案例。

这能证明这些动物异常行为与地震有关吗？不能。

有许多更为常见的因素能让动物行为出现异常：饥饿、发情、遇到天敌、保护领地、受到惊吓、气候变化等。如何证明震前动物异常行为不是这些更为常见的因素引起的？有人认为动物有预感灾难的能力。

　　大地震前，家禽、家畜、鱼类、鸟类、穴居动物等都普遍有异常反应。其中，穴居动物反应最灵敏，反应时间最早，有的在震前几天，甚至一个月前就出现异常。还认为老鼠的异常在动物中最普遍，反应敏感性高，时间最早；大牲口则比较晚，往往临震才有反应；虎皮鹦鹉在震前10天以内也会出现行为异常，北京工业大学地震研究组就曾根据其跳动频度的相对值来预报地震，并取得过几次成功。

　　动物预感是否真的存在？在历经上亿年的进化过程中，为何每当灾难来临，总有物种能奇迹般的生还？印尼海啸、唐山地震一次次的灾难来临前夕，动物的反常行为告诉了我们什么？

在线小知识

　　我国在20世纪70年代，利用观察动物来预测过地震，其中最有名的当属预报海城地震。时至今日，仍然有不少民间组织坚信动物是可以预测灾难，为此他们养了大量的动物，并加以观察。

动物真的有思维吗

动物的喜怒哀乐

动物也和人一样，有着表达感情的喜怒哀乐，甚至也会做出和人一样的动作。

欧洲有一种叫白头翁的鸟，雄鸟从远方归来时，常常给未婚妻带来一支艳丽的鲜花，以表示对爱情的忠诚。

巴西有一种性情温和的稀有动物狮子麒，在自己的主人被杀害后，它竟会为自己的主人报仇。

西伯利亚的灰鹤，有着奇特的葬礼风俗：它们哀叫着伫立在死灰褐跟前，突然头领发出一声尖锐的长鸣，顿时其他灰褐便默

不作声，一个个脑袋低垂，表示沉痛的悼念。

燕鸥在举行婚礼之前，雄燕鸥总要叼着一条小鱼，轻轻放在雌燕鸥身旁。对方收下这份聘礼后，便比翼双飞了。

猩猩的计谋

有许多动物在觅食时非常狡猾，如果你仔细观察一下，一定会大开眼界。

美国威斯康星州灵长类研究中心的工作人员，做了一项有趣的实验：故意让一只小黑猩猩，独自看到工作人员在园中某处埋下葡萄，接着再把它的几十个同伴放到园区。知情的小黑猩猩与同伴同行时，会装着若无其事的

样子。3个小时后，等同伴们全睡着了，它才悄悄起身，摸黑来到"藏宝处"，神不知鬼不觉地挖出葡萄，吃个精光。这个小黑猩猩机灵得很，它知道如果当着大伙的面挖葡萄，也许就没有自己的份了。

狮子的策略

在肯尼亚原始森林里，有人发现4只母狮联手出击。两只母狮高高地立在土岗上，有意让猎物知道这儿有恶狮，此路不通。第三只母狮钻进草丛，神秘地向猎物潜行，而第四只母狮从另一个方向咆哮而出，虚张声势地试图把惊慌失措的猎物赶向设有埋伏的草丛。

而此时受惊的猎物眼看三面被围，便拼命向草丛奔去，这可中了恶狮的计。恶狮毫不费力地咬住了送上门来的美食，然后狮群一拥而上，狼吞虎咽地分享起来。

复仇的大象

象的复仇心很强。有一家动物园里的雄性大象因不听话而被主人打过，它记恨在心，伺机复仇。有一天机会终于来了，它拉了一堆粪便，主人看见后立即拿扫帚簸箕进去为它打扫，它趁机用长鼻将主人顶死。

非洲的一头小象亲眼看到它的母亲被猎人杀死后，它被捕捉卖到马戏团里当了"演员"。它渐渐地长大了，但杀害母亲的仇人它一直没忘。它利用每场演出绕场的机会巡视着观众。有一天，当它绕场时终于发现了那个仇人，它不顾一切地冲到观众席上，用长鼻将仇人卷起摔死在地上。

动物表达情绪

像一些较高级的哺乳动物，有类似的举动我们可以理解；而鸟类、蚁类的做法，便令人不解了。

它们没有思维，靠本能来生活，而爱和哀是一种情绪反应，这也是本能吗？鸟类用不同的方式表达感情，为什么与人的表达方式如此相像呢？

有人说，这些动物可能与人有着或近或远的亲缘关系，但这只是人们的一种猜测。究竟是什么原因，没有人知道。

在线小知识

一个人养了一条蛇，一起生活了3年，这个人因为疾病死去后，那条蛇就守在主人身边不肯离去，外人靠近的时候它就表现得非常愤怒。而当人们把它制住并带走的时候，那条蛇竟然哭了！

动物是怎样自杀的

蝎子的自杀行为

常言道："人为财死，鸟为食亡。"按常理，轻生之举跟鸟类无缘。因为在我们的印象当中它们都是些活泼开朗、能歌善舞的乐天派，怎么可能自寻死亡呢？

动物学家研究发现，无论是在自然条件下，还是在实验条件下，蝎子对火都非常恐惧。

如在野外发现火，便躲在碎石下、树叶下或土洞中不出来。要是大火把它们团团围住，便只见它们弯起尾钩，朝自己背上猛刺一下，然后便软瘫在地上，抽搐着死去。

自寻死路的青蛙

在美国的夏威夷檀香山附近，有一个小镇，这里以高超的烹食青蛙的手艺而出名。

故事发生在1993年初，成千上万的青蛙前呼后拥，冲进了这个小镇。每到夜里，镇里到处蛙声阵阵，吵得居民无法入睡。

青蛙还会往屋里跳，进屋之后，不是叫个不停，就是往火坑里跳，或者往碗里、盆里、床上、家具上、衣柜里乱钻乱蹦。

整个小镇已经成了青蛙的世界，没有一处空地。交通也被堵

塞了，前面的死了，后面的又拥了上来。它们并不向人进攻，只是自寻死路。

青蛙的到来，又引来了无数吞食青蛙的毒蛇，给这个小镇带来了意想不到的灾难。当地政府不得不派出人员，一方面清理死去的青蛙，一方面消灭毒蛇。就这样，足足一个多月，才逐渐平静下来。

可是从此以后，这里再也没有出现过一只青蛙。就在这一年，在这个镇的百里范围之内，连连不断发生虫害，毁坏了大批果树和庄稼。而死青蛙给这个小镇带来的臭气，也久久不能散去，也就再没有游客光顾这个小镇了。

令人困惑不解的是发生的所有这一切，到底是怎么回事呢？至今人们对此仍然百思不得其解。

鸟儿的自杀行为

一件怪事发生在印度北部的一个小村镇。一个风雨交加的晚上，一伙村民正打着火把，焦急地寻找一头失踪的水牛。忽然发现大群的鸟儿迎着火光飞来，纷纷落在地上。

由于这里粮食不足，村民们经常挨饿，见到这些送上门来的鸟儿自然惊喜万分，可以美餐一顿。打这以后，每逢刮风下雨的晚上便打着火把，在院子里坐等飞鸟送上门来。

对鸟自杀的研究

近年来，印度动物研究所和阿拉姆邦林业局，为了揭开鸟类的自杀之谜，在村庄附近设立了一个鸟类中心，修建了一座高高的观察塔。他们收集到飞来这个村庄寻死的鸟，共有将近20种，有牛背鹭、王鸠鸟、绿鸠鸟、啄木鸟和4种翠鸟，还有许多叫不出名的鸟类。

另外，观察中心还在这里修建了鸟类图书馆和饲养场，把飞到这里的活鸟弄来饲养。奇怪的是前来寻死的鸟拒绝进食，两三天内便都死了。

有人认为这种现象可能与这里的地理位置有关。黑暗、浓云密雾、降雨和强烈的定向风，是这些鸟类诱光的条件。

那么，这些鸟都是从哪里来的呢。只是因

为诱光，它们便非得集体与火同尽？更有那些自寻而来的鸟为何拒绝进食？

寒鸦集体自杀

2011年1月5日，在瑞典斯德哥尔摩的一条街道上发现了100多只寒鸦的尸体。专家接到报告后，专门对这些神秘死亡的寒鸦进行了检测。检查发现，这些死鸟中有的被车撞过，其余的没有明显伤痕。

瑞典官方兽医对当地电台表示，这种情况非常少见，可能是疾病或者中毒。兽医称，4日晚上事发地曾燃放过焰火，寒冷的天气和难以找到食物也可能是死因。

在巴西巴拉那瓜海岸附近，科学家发现了至少100吨死去的沙丁鱼、大黄鱼和鲶鱼。

动物自杀的现象已持续将近百年，但无人知晓是什么原因？虽然这种现象早已吸引了有关专家的注意，但至今仍无令人信服的权威性答案。

看来解释动物自杀现象的科学谜底，还只能有待动物学家们进一步去探索了。

在线小知识

1963年，日本新潟县阿贺野川流域出现了大批自杀猫。到次年8月，当地90%以上的猫都自杀了。近些年来，在英国、冰岛、芬兰、日本、新西兰等国沿海也发现了成批已死或半死的大王乌贼。

动物可以自己疗伤

药物治疗

自然界里的野生动物得了病，受了伤，谁能给它们治疗呢？朋友们不要担心，有些动物会用野生植物来给自己治病。

在北美洲南部，有一种野生的吐绶鸡，也叫火鸡。当大雨淋湿了小吐绶鸡的时候，它们的父母会逼着它们吞下一种苦味草药——安息香树叶，来预防感冒。

热带森林中的猴子，如果出现了怕冷、战栗症状，就是得了疟疾，它就会去啃金鸡纳树的树皮。因为这种树皮中所含的奎宁，对治疗疟疾有一定的帮助。

贪吃的野猫到处流浪，它如果吃了有毒的东西，就会急急忙忙去寻找黍芦草。这种苦味有毒的草含有生物碱，吃了以后引起呕吐，野猫的病也就慢慢儿好了。

有一个探险家在森林里发现，一头野象受伤了，它就在岩石上来回磨蹭，直至伤口盖上一层厚厚的灰土和细砂，像是涂了一层药。有些得病的大象找不到治病的野生植物，就吞下几千克的泥灰石。原来这种泥灰石中含

氧化镁、钠、硅酸盐等矿物质，有治病的作用。

自身手术

更让人惊奇的是，动物自己还会做截肢手术呢！

1961年，日本一家动物园里的一头小雄豹，左肢被一头大豹咬伤，骨头也折了。兽医给它做了骨折部位的复位，上了石膏绷带。没想到，手术后的第二天，小豹就把石膏绷带咬碎，把受伤的左肢从关节的地方咬断了。鲜血马上流了出来，小豹接着又用舌头舔伤口，不一会儿，血就凝固了。

截肢以后，伤口渐渐地长好了，小豹给自己做了一次成功的外科截肢手术。小豹好像知道，骨折以后伤口会化脓，后果是很危险的。经过自我治疗，就会保住自己的生命。

人们发现，一只山鹬的腿被猎人开枪打断后，它会忍着剧痛走到小河边，用它的尖嘴啄些河泥抹在那只断腿上，再找些柔软的草混在河泥里，敷在断腿上。像外科医生实施"石膏固定法"一样，把断腿固定好以后，山鹬又安然地飞走了。它相信，自己的腿会长好的。

物理疗法

温泉浴是一种物理疗法。有趣的是熊和獾也会用这种方法治病。美洲熊有个习惯，一到老年就喜欢跑到含有硫磺的温泉里洗澡，往里面一泡，好像是在治疗它的老年性关节炎；獾妈妈也常把小獾带到温泉中沐浴，直至把小獾身上的疮治好为止。

野牛如果长了皮肤癣，就长途跋涉来到一个湖边，在泥浆里泡上一阵，然后爬上岸把泥浆晾干。洗过几次泥浆浴以后，它的癣就治好了。

自己治病的动物

水獭找紫苏。1800多年前的汉代名医华佗目睹了水獭找药治病的过程。那天，华佗出诊后返家路过湖边时，见一只水獭吞下了一条鱼，不一会儿水獭中毒瘫下就要死了。这时，一只老水獭赶过来，叼了一种名叫紫苏的野草，喂给了瘫下的水獭。

不久，那水獭就转危为安。此后，华佗就拿紫苏治疗吃鱼、蟹中毒的人，效果很好。直至现在，我国南方地区的人们在吃鱼、蟹时，都喜欢放点紫苏，以起到预防中毒的作用。

老鼠往伤口撒尿。在我国云南西双版纳的丛林中，人们发现有一种老鼠，当它们的身体被划破以后，许多同类鼠会不约而同地朝这只老鼠的伤口上撒尿。

这样一来，伤口不仅不会溃烂，而且很快就会愈合。当地居民受此启发，身体一旦被划破后，便马上用尿液冲洗伤处，竟也有消毒增愈的效果。

伤蛇敷野草叶。100多年前，我国云南有位名叫曲焕章的民

间医生。上山采药时，看见一樵夫遇上一条大蛇，举斧就将蛇尾巴砍伤了。那条蛇急忙窜入灌木丛中，在一种野草上咬下几片叶子，嚼烂后敷在伤口处，伤口马上止住了血。

曲焕章就将这种植物的叶子采集回来。经过研究，并加入了一些其他的药物，他制成了一种伤药，使止血治伤的疗效更好，这就是驰名中外的云南白药，它已成为治疗跌打损伤的一种特效药物。

动物自我医疗的本领，引起了科学家很大的兴趣。它们是怎么知道这些疗法的呢？现在还没有一个圆满的解释。

在线小知识

有人捉到一条鳄鱼，剖开胃，发现里面有粗木块、石头，以及不容易消化的东西。这是怎么回事呢？鳄鱼在冬眠的时候，怕自己消化器官的功能会减弱，就吃下坚硬的东西，让胃不停地工作。

动物因何能充当信使

鸽子充当信使

1815年，法国拿破仑在滑铁卢战役中被击败。得胜的英军把写有这个消息的纸条，缚在一只信鸽的脚上。结果这只信鸽飞越原野，穿过海峡，回到伦敦，第一个把胜利的消息送到了伦敦。

1979年，在我国的对越自卫反击战中，某部一个侦察员得了急病，医生诊断需用一种药品，可身边没有，如果派人去后方取药，已经来不及了。他们便用军鸽去后方取药，仅用30分钟就取回来了，使病员得到及时抢救。

狗当信使

据《晋书》记载，陆机育养一犬，名叫黄耳，陆机到洛阳做官时，很久都没有家里的消息，于是，他对黄耳开玩笑说"吾家绝无书信，汝能书驰取消息不？"

这只狗竟然摇尾答应了。陆机就试着写了封信，装进竹筒，系在黄耳的脖子下，它寻路南走，一直送到了陆机家中。

蜜蜂充当信使

上世纪末，法国科学家捷伊纳克还利用蜜蜂，和5000米以外的朋友保持通讯联系。他们互相交换了一些蜜蜂后，便将它们禁闭起来。需要传递信件时，就把写满字的小纸片粘在蜜蜂的背面，然后放飞。蜜蜂信使便向自己的家飞去。

充当信使的条件

有些科学家认为，鸽子两眼之间的突起，在长途飞行中，能测量地球磁场的变化。有人把受过训练的20只鸽子，其中10只的翅膀装了小磁铁，另外10只装上铜片。

放飞的结果是：装铜片的鸽子在两天内有8只回家，可是带磁铁的鸽子4天后只有一只回家，并且显得精疲力竭。

这说明，小磁铁产生的磁场，影响了鸽子对地球磁场的判断。从而断定，鸽子对飞行方向的判定的确与磁场有关。也有些科学家认为，鸽子能感受纬度，因此不会迷路。

更多科学家认为，鸽子能感受磁场和纬度，它们用这些感受来辨别方向。

科学家们不但对鸽子为什么不迷路各持己见，对其他动物长途跋涉不迷路也是众说纷纭。谁是谁非，有待进一步研究。

在线小知识

勇敢与忠诚是鸽子所具有的优秀品质，使它和军犬、军马一起，受到全世界军人的尊敬。在第一次世界大战和第二次世界大战期间，交战双方都投入了成千上万只信鸽，来传递情报、运送信息。

动物嗅觉之谜

利用狗的嗅觉破案

在感觉和判断微量有机物质方面，任何先进的检测仪器都不能超越人的鼻子。自然界中的气味多于几十万种，一般人可以嗅出其中几千种气味，而经过训练的专家则能嗅出几万种气味。和人鼻相比，狗鼻子更加灵敏。

警犬破案用的就是它灵敏的鼻子。我们知道，人身上有着丰富的汗腺、皮脂腺，每个人分泌出的汗液和皮脂液味道是不同的，我们称之为人体气味。人鼻子较难分辨不同人的人体气味，而狗却可以。将犯罪分子穿过的衣服、鞋子或用过的用品给警犬嗅过后，它就能顺着气味去追踪逃犯，或者将混在人群中的坏人嗅出来。

海关人员利用狗的特殊嗅觉功能，训练它们搜寻毒品。目前，贩毒、吸毒已成了世界性的犯罪行为。经过训练的狗，能够搜寻出藏于行李中或汽车中，各个角落的毒品，它们屡建奇功，使得贩毒分子闻狗丧胆。

利用狗的嗅觉救人

在瑞士等多山国家中，高山滑雪是人们喜爱的一种运动，由于雪崩等自然灾害造成的事故，常常有滑雪者被埋于雪中。当地人训练了

一批救护犬，每当发生滑雪者失踪事件时，就派这种救护犬上山寻找。它们身背标有红十字的口袋和救援队员一起跋涉于高山积雪之中。由于它们的努力，不少遇险者获得了第二次生命。

在欧洲的一些城市，煤气公司训练了一批狗，作为"煤气查漏员"。由于管道煤气的使用日趋广泛，要查找埋藏于地下的煤气管道的泄漏是一个难题。如果不能找到泄漏处，漏出的煤气在地下某一地方会积累起来，它们一遇上明火就会发生爆炸或燃烧。在查漏方面，狗是人类得力的助手，一发现问题，它就会狂吠不止，以引起人们的重视。

利用狗的嗅觉扫雷

狗还是很好的地雷搜寻者。现代化的战争中，布雷成了保护自己、消灭敌人的重要手段。过去多用金属探测器来查找地雷，因为大多数地雷是用金属作为外壳的。

后来，兵工专家改进了外壳材料，采用塑料或其他非金属性材料来做外壳，一般的金属探测器就找不出它们。经过训练的狗能够嗅出火药的气味，所以不管用什么材料做外壳，它们都能把地雷查找出来。

在战争中，它们的工作挽救了成千上万战士的生命。还有的

地质部门，训练狗帮助人们查找矿藏。

金丝雀会预测毒气

在煤矿中有毒或易燃气体的存在，常引起井下爆炸，或发生煤矿工人中毒的事故。

人们发现，金丝雀对于这类气体很敏感，矿井中存在的微量有毒气体，在对矿工尚未造成威胁时，金丝雀就会出现窒息中毒的症状。

所以，一些矿工在下井时带着金丝雀，将它们作为"生物报警器"。同样的办法，也在某些生产有毒气体的工厂中使用。

昆虫的化学感受器

和人类、鱼类不同，昆虫的嗅觉既不靠鼻子，也不靠皮肤或嘴唇上的感受器，它们靠的是嘴巴周围的触角或触须，这是昆虫的化学感受器官。在触角上，遍布着接受和处理气味信息的嗅觉细胞和神经网络。

在麻蝇的触角上，有3500个化学感受器，牛蝇的触角上则有6000个，而蜜蜂中工蜂的触角上更有12000个化学感受器。正因为有了这些先进的工具，它们的嗅觉才特别灵敏，普通的家蝇可以识别3000种化学物质的气味。

昆虫靠嗅觉寻配偶

昆虫嗅觉还用于寻找配偶。在昆虫繁殖期，雌性的昆虫能释放出一种，叫做性引诱剂的激素。雄性的昆虫嗅到了这种气味后，就飞向雌性的昆虫。雄昆虫对这种性引诱剂的嗅觉特别灵敏。科学家实验发现，性引诱剂的含量已稀释到，每一立方厘米的空气中只有一个分子，而雄蛾依然能分辨出。

科学家们利用现代的分析手段，搞清楚了昆虫性引诱剂的结构，并且在实验室中，用化学方法合成了同样的激素。利用这些人造的性引诱剂，在农田中捕杀害虫，已成为一种新的植物保护手段。

不同动物的灵敏嗅觉

大象的视力很差，它全靠灵敏的嗅觉去寻找食物、发现敌害。而这种有选择性的敏感性还在生命的繁衍中遗传给后代，使之天生就具有遗传气味选择记忆能力。骆驼能在8万米外闻到雨水的气味；牛能嗅出浓度低达十万分之一的氨液。猴子、野猪等动物中的领袖能够发出使其他雄性动物臣服的气味，只要闻到这种气味，即使没有见面也服服帖帖。

在线小知识

人们相信，所有动物的嗅觉机制都一样，气味分子作用于细胞表面的嗅觉感应器，并引发精巧的连锁反应，最后打开细胞表面的离子门，允许大量离子进入细胞，从而将气味信息传到脑部。

动物身上的年轮揭秘

不同动物身上的年轮

锯倒一棵大树，观察树桩断面上的年轮，就可以知道这棵大树的年龄了。那动物身上也有年轮吗？

不同动物的年轮隐藏在不同的部位，五花八门。鲤、鲫鱼鳞片上的同心圆，就是显示鱼龄的年轮。

为了看得很清楚，一般将鳞片洗净，煮一下，再把它浸入两份苯和一份乙醚中，去掉脂肪，使它干燥后观察。河蚌的贝壳上有明显的一圈圈生长线，那就是它的年轮。

怎样了解庞大的鲸的年龄，多年来一直是个难题。过去曾用许多方法来测定：一是有人认为，鲸出生时是雌鲸体长的1／3，根据幼鲸体长的增长，可以推算年龄；二是观察鲸体上白色伤痕数目，测算年龄，因年龄越老的鲸，受细菌、寄生虫寄生后留下的伤痕越多。以上方法都有缺点，测算的年龄不够准确。1995年发现鲸的耳垢是推算年龄的最好资料。

鱼类的年轮

生活在水中的鱼类是个庞大的家族，它们的年轮表现有所不同。如产于我国东北的大马哈鱼，它的年轮在鳃盖骨上；鲨鱼的年轮在背鳍棘上；著名的大小黄鱼的年轮则在耳石上。此外，一般鱼类的年轮记录在鳞片上。你仔细观察，会发现上面有许多同心的环纹，一个环纹代表一年。

　　大自然年复一年的周期变化，决定了鱼类生长的快慢，而鱼的生长状况便在鳞片上留下了真实的痕迹。春夏时节，鱼儿的食饵丰富，水温又较高，正是生长旺季，鱼儿长得快，鳞片也随之长得快，便产生很亮很宽的同心圈，圈与圈的距离较远，这是"夏轮"。

　　进入秋冬后，水温逐渐下降，水域中食饵减少，鱼儿的生长放慢，鳞片的生长也随之放慢，产生很暗很窄的同心圈，圈与圈的距离较近，这是"冬轮"。这一疏一密，就代表着一夏一冬。等到翌年的宽带重新出现时，窄带与宽带之间就出现了明显的分界线，这就是鱼类的年轮。

鲸的耳垢的特殊结构

　　鲸的耳垢与人的耳垢大不相同，耳垢不能从外耳道掉出来。鲸的外耳道不是一直管，而是呈S型。耳垢积存在耳道中，由表皮角质层脱落的细胞和脂质所构成，脂质少、角化程度高、呈长圆锥形，像一个栓，所以又称耳栓。把耳栓切成纵剖面，上有交

替的明亮层和暗色层，数清多少明暗交替的条纹，就可以推算出鲸的年龄。

鲸的耳栓上的明暗条纹，就和树木的年轮相似。明亮层是夏季索饵期形成的，那时候营养条件好，形成的脂质多；暗色层是冬季繁殖时期形成的，那时鲸几乎过着绝食生活，耳轮上的角质多。真奇怪，鲸的年轮竟会在耳垢形成的耳栓上。

判断动物年龄的方法

最近有了利用显微镜，检查兔子、黄鼠狼等动物的骨头，来确定其年龄的方法。

这种方法是切取野兔等动物的下颌骨，将其磨制成薄片，染色后在显微镜下观察，能看到骨头的层次，根据骨层的多少，便可准确地推断动物的年龄。因为小动物的年龄都较短，所以使用这种方法是相当有效的。如果是象和鲸那样的大动物，则只要取其牙齿在显微镜下鉴定，就可知道它的年龄了。

人类有没有年轮呢

日本东京医科大学教授勇田忠宣布，他发现人的年轮在人的大脑里。他曾对一些人员进行过音波刻纹试验，当音波频率和人自身的年龄相等时，人们便会做出反应。这种反应可以在荧光屏幕上显示出来，利用这种方法，可以准确地"诊断"出人的真实年龄。

生命有很多奥秘有待揭开，动物"年轮"不过是其中很小的一个部分。

在线小知识

目前对动物年轮的研究已有了很大进展。鱼类学家已利用鱼类的年轮，测定出一些鱼类的生命极限：鳊鱼5岁，鲫鱼25岁，观赏金鱼30岁，鲤鱼45岁，鳗鲡50岁，鲇鱼可活100岁，狗鱼的寿命可高达250岁以上。

动物生物钟之谜

动植物的生物钟变性

在自然界里，很多生物的活动都受到"生物钟"的影响。如雄鸡黎明报晓，猫头鹰昼伏夜出，在潮水到来时招潮蟹就出现在洞口，都是生物钟在起作用。

有一种琴师蟹的动物。白天，琴师蟹藏在暗处，这时它们身体的颜色会变深；夜晚，它们四出活动，身体的颜色又会变浅。

有些植物也是按照自己的生物钟来活动的，如牵牛花在太阳出来之前就打开了喇叭，蒲公英在清晨6时才绽出花蕊，该中午开的花就中午开，该晚上开的花就晚上开。

生物学家的实验研究

有人发现，许多昆虫都能利用自己体内的天体定向器来保持正确的行动方向，即借助于阳光来定向，蜜蜂和大蚂蚁等昆虫就是这样。

可德国的生物学家贝林通过实验发现，一些动物的定向不一定非借助阳光不可。他将蜜蜂关在暗室里，发现即使没有阳光，甚至在完全黑暗的情况下，它们也能察觉出昼夜的变化。

利用蚂蚁进行的实验

瑞士昆虫学家维纳尔和兰费郎科尼利用大蚂蚁做的实验，更能说明这个问题。

大蚂蚁中的工蚁常常到几百米以外的地方觅食，他们就把这

些工蚁放进黑洞洞的潮湿的容器里。过了6个小时，带到一个它们不熟悉的地方放出来，同时在它们头上安装一个特制的东西，使蚂蚁看不见能够当做定向目标的各种物体。其结果令人惊讶，153只蚂蚁都顺利地找到了自己的家。

这个实验表明，这种蚂蚁既具有稳定的记忆力，能够记住太阳在一天的不同时间里在天空运行所走过的路线，而且还具有时钟系统，这使它们能够找出正确的方向。

未解之谜

怎样来认识动物体内的生物钟，至今还是一个悬而未决的谜。

有人分析这可能是来源于动物空腹感的"腹时钟"；还有人认为这种时钟可能与物质代谢的速度有关。

不过这些还都仅仅是猜测，其具体的生理机制，还有待进一步研究。

非洲有种"报时虫"，每过4小时换一次颜色，什么时间变成什么颜色，每天都是固定的。有些居民利用这种虫子确定当时的大体时间；南美洲的第纳鸟，每隔30分钟就叫，误差不超过15秒。

动物尾巴用处很大

平衡作用

猫的尾巴使猫在跑跳时能保持平衡，还能使它在四脚朝上往下落时翻过身来，四脚先着地，不至于摔伤。

猴子、松鼠的尾巴使它在树枝上跳跃时能够保持平衡，从来不会失足。马奔驰时尾巴起到很好的平衡作用。

保安作用

穿山甲的尾巴缠在树上，像保险带一样。鳄鱼的尾巴非常有力，像铁棍子一般结实，可当做武器来防御和进攻，一般的野兽如狮和豹都经不起它的一击。水里的河狸遇到危险时，会用尾巴拍水，发出"噼啪"的响声，向同伴报警。牛、马、驴、骡的尾巴用用来驱赶讨厌的苍蝇、蚊虫和牛虻等。

支撑作用

啄木鸟在竖直的树干上站着啄食害虫时，尾巴支撑在树皮的裂隙中，从而能够站稳，不至于跌落，可以说尾巴是它的"第三条腿"。袋鼠的尾巴又粗又长，休息时，尾巴支撑在地上，成了它的凳子。

逃生作用

兔子的短尾巴可以在紧急情况下帮助兔子逃命。当兔子被猛兽咬住时，兔子立刻使用"脱皮计"，将尾巴的"皮套"脱下，

从而赢得逃命的时间。蜥蜴和壁虎的尾巴当遇到敌害时，会自动将尾巴折断留给敌人。

捕食作用

白天栖息在较暗的地方，晚上才出来捕捉昆虫。有些蝙蝠，它们的尾巴可以卷缩起来和它的后脚一起拼成成一个吊篮形。

这样别的小昆虫就看不出它是蝙蝠了，它依靠这个"隐身秘法"，可以捉到很多昆虫吃。

攻击作用

狮、虎、豹的长尾巴是它们的战斗武器之一，在和其他动物搏斗时，只要一摆尾巴，就可以把对方打倒。蝎子的尾巴更厉害，尾端生有钩状而尖锐的毒刺。猎食时，它用脚抓住小动物，然后用尾刺毒杀。

保温作用：像松鼠、狐狸等长着毛茸茸粗尾巴的动物，在寒冷的时候，会把身体缩成一团，然后将大尾巴严严实实地围住身体，犹如围了一条大毛围巾，天气再冷也不会受冻。

在线小知识

大熊猫稀少的缘由

大熊猫繁殖能力低

人们都知道，可爱的大熊猫是世界上最珍贵的动物之一。但是大熊猫繁殖困难，面临灭绝的危险。

大熊猫繁殖困难这个问题，一直困扰着人们。从1937年至现在，我国出口的大熊猫已有39只，存活到现在的还有14只。在这么长的时间里，只有日本的"兰兰"怀过一次孕，墨西哥的"迎迎"产过一次崽。这是什么原因呢？

美国华盛顿动物园主任里德博士说，由于大熊猫的生殖器官发育得不健全，因此不能顺利地进行交配。生殖器官的先天性缺陷，可能是导致大熊猫濒临灭种的主要原因。

还有人发现，雄性大熊猫不发情或很少发情，这也是导致它繁殖能力低下的原因之一。

大熊猫的食物习性

除此之外，大熊猫奇特的食物习性也令人不解。它吃东西很挑剔，只吃很少的几种竹子，并且不吃老竹，不吃开花结籽的竹，只吃竹子的中段；竹笋只吃笋肉；但是如果被其他动物碰过了，它就不会去吃的。它有时也会吃一些草、树皮、朽木、沙土、石块、铁、山羊肉、野兽尸体等。

它们的活动范围又很小，只局限在海拔3000米左右。如果大熊猫生活范围内的竹子枯死了，它们宁肯自己被饿死，也不会到别的地方去觅食。这实在让人费解。

大熊猫的人工饲养

1963年9月14日，第一只人工圈养的大熊猫在北京动物园诞生。那时，何光昕作为北京动物园的工作人员，值了两个月的夜班。他回忆说，那时环境绝对安静，除个别投食的饲养员，任何人不得接近大熊猫母子。真是比伺候"万岁爷"还小心百倍。

但是，大熊猫毕竟与黑熊和小熊猫不一样，它应该有自己的行为学。不弄清楚熊猫妈妈的行为规律，就无法提高幼仔成活率。大胆接近熊猫妈妈，把丢弃的幼仔拾去人工喂养，又引发两大难题：一是育幼箱保持多高的温度？二是给它喂什么奶？

他们沿用人工哺育老虎、狮子幼仔的经验，因陋就简，钉个木箱，在木箱里安上个灯泡，保持30度左右的温度，结果幼仔冷得不行，两三天就被冻死了。

在20世纪70年代和80年代我国有关部门曾经有过两次调查，估计野外有约1000只大熊猫，这个数字可能偏低。在秦岭山区，除黑白色大熊猫外，还发现过棕色、白色大熊猫。

在线小知识

老鼠不能绝迹的奥秘

捕杀老鼠的方法

多少年来，人们一直在想方设法消灭老鼠，但始终不能使它绝灭。人们先用机械的办法捕杀老鼠，但这种办法杀灭老鼠的数量十分有限。近几十年来，人们发明了许多杀灭老鼠的药物。可每次用一段时间后，这些药物也就失去了作用。

据说，苏格兰的一个农户，发现了不怕老鼠药的老鼠。科学家研究发现，这种老鼠已具有遗传性的抗药能力。也就是说这种老鼠已具备了抗药的基因，它们的子子孙孙也都能抵抗药害。

老鼠的抵抗能力

老鼠不但不怕药害，而且连具有强大杀伤力的核放射也不怕。据1977年7月的美国《地理杂志》报道：第二次世界大战之后，美国在西太平洋埃尼威托克环礁的恩格比岛和其他岛屿上试验原子弹，炸出一个巨大的弹坑，同时放射出强大的射线。几年后，生物学家来到恩格比岛，发现岛上的植物、暗礁下的鱼

类以及泥土，都还有放射物质，可是岛上仍有许多老鼠。这些老鼠长得健壮，既没有残疾，也没有畸形。这可能与老鼠洞穴有一定的防御作用有关。然而，老鼠本身的抵抗能力，也是十分令人惊讶的。

集体自杀的老鼠

1981年春，在西藏墨脱的一个江边拐弯处，成群的老鼠从四面八方聚集在那儿，集体从山崖顶上往江里跳。结果所有老鼠都被翻腾的江水淹死了。

老鼠集体自杀的原因还不清楚，有的科学家认为，可能那些到了海边的老鼠，认为海洋也只不过是一条它们可以游过的小溪或一潭水，而没有意识到那是游向死亡。

老鼠的繁殖力强

一只母鼠在自然状态下，每胎可产出5只至10只幼鼠，最多的可达24只，妊娠期只有21天。幼鼠经过30天至40天发育成熟，雌性即加入繁衍后代的行列。

如此往复，母鼠一年可以生育5000左右子女，所以说自杀的老鼠与老鼠的总体数量相比，那就像大海中的一滴水了。

在线小知识

2003年6月，河北省邯郸市丛台区永乐里家属院5号楼封堵垃圾道后，发生了一件稀罕事，一些居住在垃圾道内的老鼠纷纷从4楼通气孔跳楼自杀，居民纷纷关闭窗户，害怕老鼠跳进屋内。

探究海洋中的美人鱼

美人鱼的记载

早在2300多年前，巴比伦的史学家巴罗索斯在《古代历史》一书中，就有关于美人鱼的记载。

17世纪，在英国伦敦出版的《赫特生航海日记》里，也有美人鱼的记录。

在中国，古代史书上也有美人鱼的记载。宋代的《祖异记》中就对美人鱼的形态作了详细的描述。此外，在宋代学者徐铉的《稽神录》中，也记载有类似的美人鱼。

美人鱼的发现

1962年，一艘苏联的货船在古巴外海神秘沉没。由于船上载有核导弹，苏联急忙派出探测舰，前去搜寻沉船，试图捞回核导弹。探测舰来到沉船海域，维葛雷德博士和科学家们，立即利用水下摄影机巡回扫描海底。

结果发现了一个奇异的怪物，之后将它捕获。原来是一条长0.6米的人鱼宝宝，头部有一道骨冠，全身披满鳞片，用一双惶恐的小眼睛瞪着周围的人们。科学家们坚信它，就是人们一直执著寻找的美人鱼。维葛雷德博士的所见，让那些热衷于探索美人鱼的人们激动不已，也给科学家们增添了信心。

为此，许多海洋物生物学家、动物学家和人类学家，重新投入研究美人鱼的工作之中，并在生物学上作出许多假设。

美人鱼是什么

挪威华西尼亚大学的人类学家莱尔·华格纳博士认为，美人鱼这种动物确实存在。他说："无论是记载还是现代目击者的描绘，美人鱼都有共同特征，即头和上身像人，而下半身则有一条像海豚那样的尾巴。"

此外，据新几内亚有关人士描述，美人鱼和人类最相似之处，就是它们也有很多头发，肌肤十分嫩滑，雌性的乳房和人类女性一样，并抱着小人鱼喂乳。

与此同时，英国海洋生物学家安利斯汀·爱特博士则认为："美人鱼可能是类人猿的变种，婴儿出生前生活在洋水中，一出生就可以游在水里。

因此，一种可以在水中生存的类人猿动物的存在，并不是一件十分奇怪的事。"在美国，也有部分学者赞同爱特博士的说法，认为这是目前尚未报道的"海底人"的一种。

儒艮似美人鱼

中国的一些生物学家则认为，传说中的美人鱼可能就是"儒艮"俗称海牛的海洋哺乳动物。

20世纪70年代初，我国南海的渔民曾多次发现美人鱼。此外，在印度洋、太平洋周围的其他一些国家也有它的足迹。

1975年，有关科研单位深入渔村，并在渔民的帮助下捕到罕见的"儒艮"。

儒艮不仅形象不美，而且还很丑陋。它的体型像一只巨大的纺锤，有3米多长，400多千克重，身大头小尾巴像月牙。

由于它仍旧用肺呼吸，所以每隔10多分钟，就要浮出水面换气。它背上有稀少的长毛，生物学家则认为，这些长毛极易使目击者错认为头发。

生物学家们还发现，儒艮胎生幼子，并以乳汁哺育。哺乳时用前肢拥抱幼子，母体的头和胸部则露出水面，以避免幼子吸吮时呛水。传说中美人鱼抱子的镜头，大概出于这种情景。

然而，儒艮时时出水换气的特性，和维葛雷德博士的"深海发现美人鱼"有矛盾。

因此，海洋中究竟有没有美人鱼？人们对此说法众多，没有一个确切的答案。

在线小知识

传说美人鱼是以腰部为界，上半身是美丽的女人，下半身是披着鳞片的鱼尾，整个躯体，既富有诱惑力，又便于迅速逃遁。她们没有灵魂，一身兼有诱惑、美丽、残忍和狡黠等多种特性。

图书在版编目（ＣＩＰ）数据

多彩动物的心灵感应：动物乐园看台 / 韩德复编著
. -- 北京：现代出版社，2014.5
ISBN 978-7-5143-2638-3

Ⅰ. ①多… Ⅱ. ①韩… Ⅲ. ①动物－普及读物 Ⅳ.
①Q95-49

中国版本图书馆CIP数据核字(2014)第072351号

多彩动物的心灵感应：动物乐园看台

作　　者：韩德复
责任编辑：王敬一
出版发行：现代出版社
通讯地址：北京市定安门外安华里504号
邮政编码：100011
电　　话：010-64267325 64245264（传真）
网　　址：www.1980xd.com
电子邮箱：xiandai@cnpitc.com.cn
印　　刷：汇昌印刷（天津）有限公司
开　　本：700mm×1000mm　1/16
印　　张：10
版　　次：2014年7月第1版　2021年3月第3次印刷
书　　号：ISBN 978-7-5143-2638-3
定　　价：29.80元